缤纷迷人的
钩编花片和实用小物

1

［波］阿格涅丝卡·斯特查卡 著

火焰的味道 译

河南科学技术出版社

·郑州·

著作权合同登记号：豫著许可备字-2016-A-0412

图书在版编目（CIP）数据

缤纷迷人的钩编花片和实用小物 /（波）阿格涅丝卡·斯特查卡著；火焰的味道译．—郑州：河南科学技术出版社，2017.5

ISBN 978-7-5349-8603-1

Ⅰ．①缤… Ⅱ．①阿… ②火… Ⅲ．①钩针—编织—图集 Ⅳ．① TS935.521-64

中国版本图书馆 CIP 数据核字（2017）第 018965 号

出版发行：河南科学技术出版社

地址：郑州市经五路66号　　邮编：450002

电话：（0371）65737028　　65788613

网址：www.hnstp.cn

策划编辑：梁莹莹

责任编辑：梁莹莹

责任校对：窦红英

封面设计：张　伟

责任印制：张艳芳

印　　刷：北京盛通印刷股份有限公司

经　　销：全国新华书店

幅面尺寸：206mm×220mm　　印张：7　　字数：180千字

版　　次：2017年5月第1版　　2017年5月第1次印刷

定　　价：46.00 元

Natura
Just Cotton
DMC
www.dmc.com
Made in EU
N25
Art: 302
N49
TURQUOISE
Art: 302

目录

阿格涅丝卡·斯特查卡，毕业于波兰的艺术学院，现在为世界各地的钩针和室内装潢杂志撰稿，设计的钩编作品配色漂亮、风格新颖独特、成品时尚迷人。她现居于波兰的罗兹附近的一个乡村，与丈夫、两个女儿、四只猫和三只狗幸福地生活在一起。

前言

和大部分钩编爱好者一样，我人生第一个钩编图案是祖母方块花片。至今它仍然是我非常喜欢的图案之一，我经常将它应用到我的作品之中。近年来我开始享受挑战更复杂的图案所带来的乐趣。

我喜欢在我的作品设计中加入不同的花片，因为它们永远充满趣味。它们用途广泛、变化多样。不论我是在钩一顶帽子、一个手袋、一条围巾还是一条短裙，花片钩编都给我带来了无穷的乐趣。

在花片钩编中，颜色的运用可以让作品更加出彩，不同颜色的选择激发了我创造的热情。即使是同一个图案，使用不同的配色，就会呈现完全不同的风格，有不同的用途。单色图案也是不错的选择，可以使作品呈现更加现代的感觉。

在本书中我分享了一些我最喜欢的图案，有一些很简单，还有一些有点难度。另外我还分享了一些使用这些花片所创作的作品，希望可以给你带来更多的灵感。

我要把本书和我全部的爱献给我的两个女儿——苏菲和玛丽。希望这本书可以培养她们的钩编技巧、激发她们对钩编的热情。希望有一天她们会像我一样深爱钩编。

Agnieszka Strycharska

线号与颜色说明

本书中“细线”线号对应的颜色

N 01
N 02
N 03
N 05
N 06
N 07
N 09
N 11
N 12
N 13
N 14
N 16
N 18
N 20
N 22
N 23
N 25
N 26
N 27
N 28
N 30
N 31
N 32
N 33
N 34
N 35
N 36
N 37
N 38
N 39
N 41
N 43
N 44
N 45
N 46
N 47
N 48
N 49
N 51
N 52
N 53
N 54
N 56
N 59
N 61
N 62
N 64
N 74
N 75
N 76
N 78
N 79
N 80
N 81
N 82
N 83
N 85
N 86
N 87
N 88

本书中“粗线”线号对应的颜色

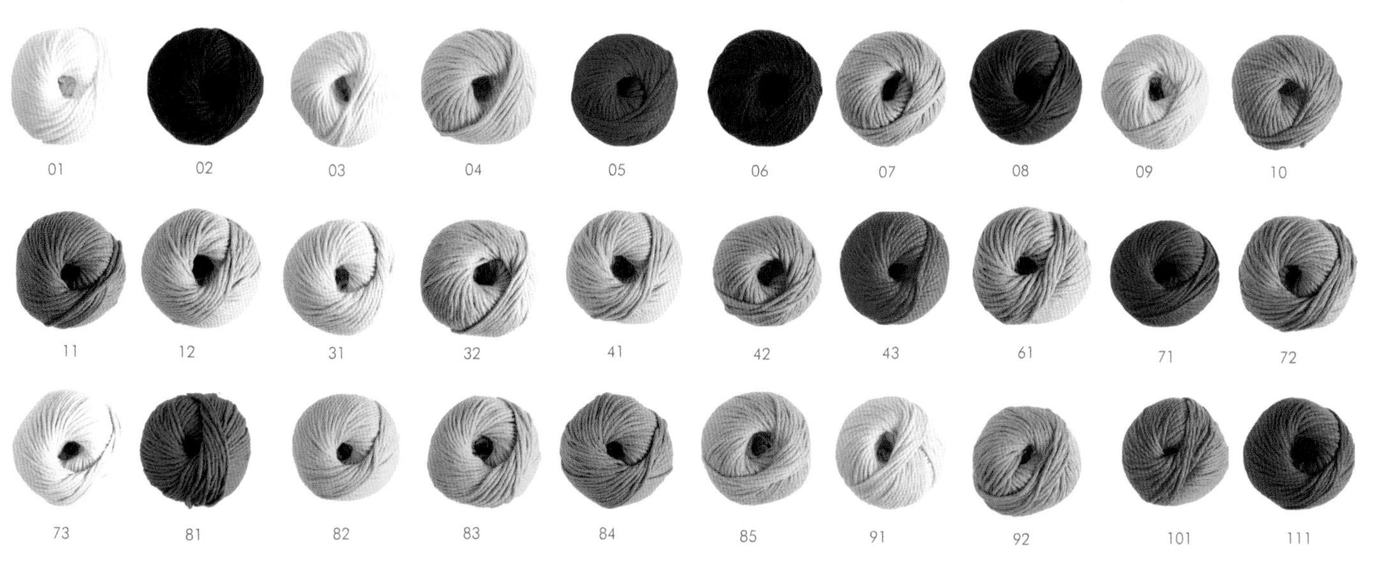

本书的示范用线：“细线”为DMC品牌Natura Just Cotton（纯棉线），“粗线”为DMC品牌Natura XL（纯棉粗线）。读者也可以根据自己的实际情况选择用线。

花片成品图

6.
7
9.
8.
10.

11.
13.
12.
15.
14.

16.
17.
19.
18.
20.

21.
22.
23.
24.
25.

26.
27.
28.
29.
30.

31.
33.
32.
35.
34.

36.
37.
39.
38.
40.

41.
42.
44.
46.
43.
45.

47.
48.
49.
50.

51.
53.
52.
54.
55.

59.
56.
60.
58.
57.

帽子：做法见105页　　围脖：做法见115页

[ ]	按要求的次数完成方括号内的针法说明。
( )	在指定的一个针目或空间内完成圆括号内的针法说明。
★	按说明要求的次数完成单星号之后的针法说明。
★★	1)按说明要求的次数完成两个星号之间的针法说明。 2)重复星号之间标出的一段针法说明。

图案1

钩针：5.00mm

线：粗线
A线：73
B线：82
（线号对应的颜色请参考第5页）

完成尺寸：11cm

三长针枣形针：绕线，钩针插入指定的针目或空间，拉出线圈，绕线，将钩针拉过钩针上的2个线圈，［绕线，将钩针插入同一针目或空间，拉出线圈，绕线，将钩针拉过钩针上的2个线圈］重复2次（现在钩针上有4个线圈），绕线，将钩针同时拉过4个线圈。

四长针枣形针：绕线，钩针插入指定的针目或空间，拉出线圈，绕线，将钩针拉过钩针上的2个线圈，［绕线，将钩针插入同一针目或空间，拉出线圈，绕线，将钩针拉过钩针上的2个线圈］重复3次（现在钩针上有5个线圈），绕线，将钩针同时拉过5个线圈。

要点：一圈中的首个枣形针，与这圈中的其他枣形针起针方式不同。首个枣形针针法包含在图案钩编说明中。一圈中的其他枣形针，参照上述说明。

图案钩编说明

基础圈：使用A线，起4锁针；用引拔针连接成环。

第1圈：（正面） 1锁针（不算作第一针），一圈钩8短针，用引拔针与第一个短针相连。（8短针）

第2圈：3锁针（算作1长针，后面也是如此），［绕线，将钩针插入同一针目，拉出线圈，绕线，将钩针拉过2个线圈］3次（现在钩针上有4个线圈），绕线，将钩针拉过所有4个线圈（首个四长针枣形针完成）。2锁针，［下一短针中钩1个四长针枣形针，2锁针］钩完整圈；用引拔针连接开始3锁针的第3针。（8个枣形针，8个2锁针空间）A线断线，固定，藏线头。

第3圈：正面朝上，将B线用引拔针接入任意2锁针空间，3锁针，同一空间内钩2长针，1锁针，在下个2锁针空间中钩（1个三长针枣形针，3锁针，1个三长针枣形针），1锁针，★下个2锁针空间中钩3长针，1锁针，下个2锁针空间中钩（1个三长针枣形针，3锁针，1个三长针枣形针），1锁针；从★开始重复钩完整圈；用引拔针连接开始3锁针的第3针。（8个枣形针，12长针，8个1锁针空间，4个3锁针空间）B线断线，固定，藏线头。

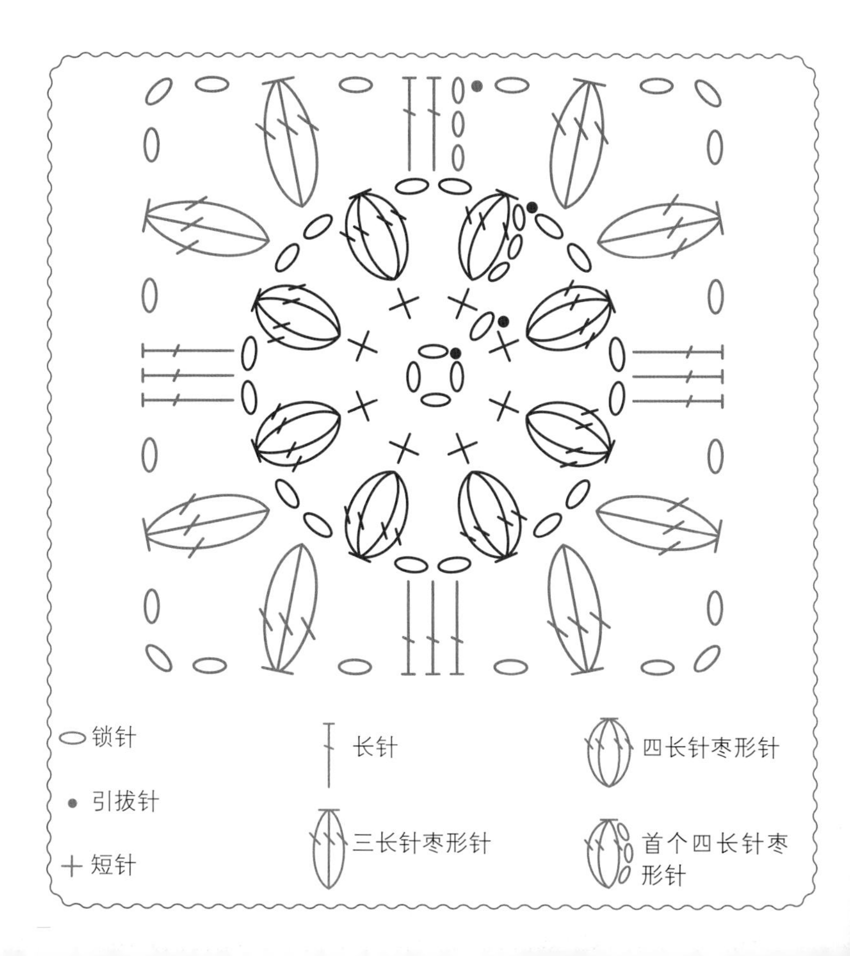

夏日提包：做法见97页

图案2

图案钩编说明

基础圈：使用A线，起4锁针；用引拔针连接成环。

第1圈：（正面）3锁针（算作1长针，后面也是如此），一圈钩15长针；用引拔针连接开始3锁针的第3针。（16长针）A线断线，固定，藏线头。

第2圈：正面朝上，在前一圈完结的同一针目中，用引拔针加入B线，1锁针（不算作第一针），在同一针目中钩1短针，1锁针，跳过一长针，在下一长针上钩7长针，1锁针，跳过一长针，★在下一长针上钩1短针，1锁针，跳过一长针，在下一长针上钩7长针，1锁针，跳过下一长针；从★开始重复钩完整圈；最后用引拔针与第一个短针相连。（28长针，4短针，8个1锁针空间）B线断线，固定，藏线头。

第3圈：正面朝上，用引拔针将C线接入第2圈的最后一锁针，起3锁针，［绕线，将钩针插入引拔针的同一针目，拉出线圈，绕线，将钩针拉过钩针上的2个线圈］3次（现在钩针上有4个线圈），绕线，将钩针同时穿过4个线圈（首个四长针枣形针完成），2锁针，在下个锁针空间内钩一个四长针枣形针，2锁针，跳过3长针，在下一长针（一组7长针的中间一个）上钩1短针，2锁针，跳过3长针，★［下一锁针空间中做一个四长针枣形针，2锁针］2次，下一组七长针的中间一长针上钩1短针，2锁针；从★开始重复钩完整圈；用引拔针连接开始3锁针的第3针。（8个枣形针，4短针，12个2锁针空间）C线断线，固定，藏线头。

钩针：3.50mm

线：细线

A线：N51

B线：N85

C线：N74

（线号对应的颜色请参考第5页）

完成尺寸：7cm

四长针枣形针：绕线，钩针插入指定的针目或空间，拉出线圈，绕线，将钩针拉过钩针上的2个线圈，［绕线，将钩针插入同一针目或空间，拉出线圈，绕线，将钩针拉过钩针上的2个线圈］重复3次（现在钩针上有5个线圈），绕线，将钩针同时拉过5个线圈。

要点：一圈中的首个枣形针，与一圈中的其他枣形针起针方式不同。首个枣形针针法包含在图案钩编说明中。一圈中的其他枣形针，参照上述说明。

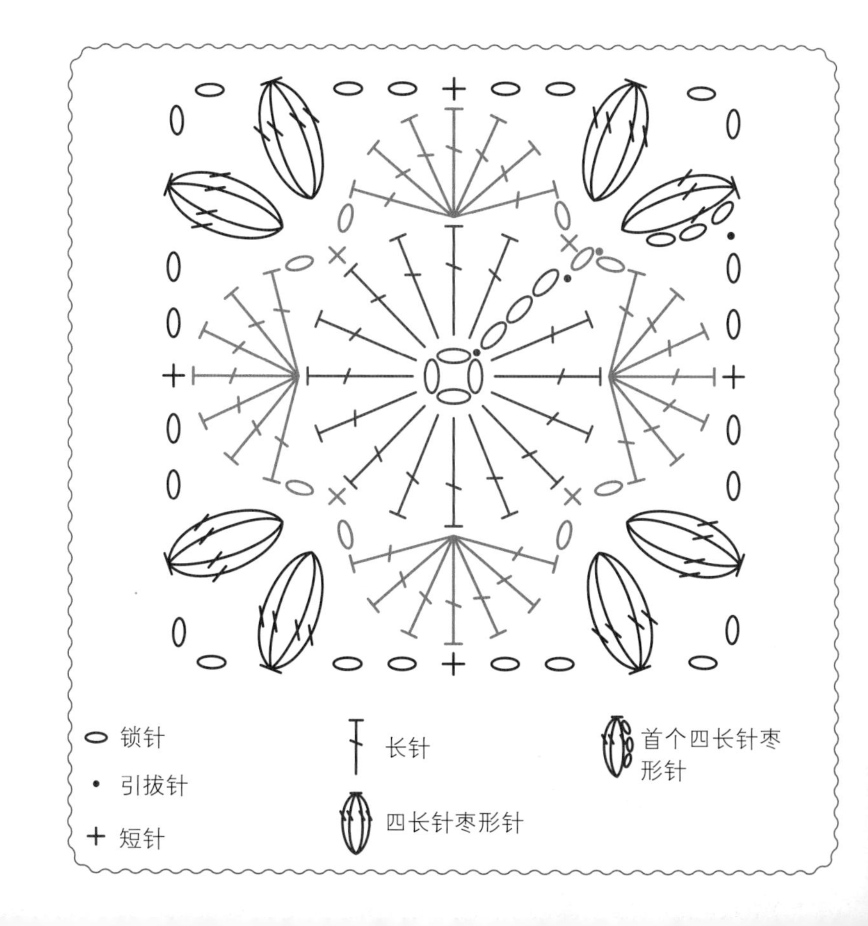

裙子：做法见101页

图案3

图案钩编说明

基础圈：使用A线，起4锁针；用引拔针连接成环。

第1圈：（正面） 1锁针（不算作第一针），★在环里钩1短针，4锁针，在环内钩1个四长长针枣形针，4锁针；从★开始重复3次；用引拔针与第一个短针相连。（4个枣形针，4短针，8个4锁针链）A线断线，固定，藏线头。

第2圈：正面朝上，将B线用1短针接入第二个4锁针（首个枣形针后的4锁针）的第二锁针内，5锁针，跳过下个2锁针，跳过下一短针，在下个4锁针上的第3针锁针中钩短针，3锁针，跳过下一锁针，跳过下个枣形针，★在下个4锁针上的第2针锁针中钩1短针，5锁针，在下个4锁针上的第3针锁针中钩短针，3锁针；从★开始重复钩完整圈；用引拔针连接第一个短针。（8短针，4个5锁针链，4个3锁针链）

第3圈：在第一个5锁针链上加入引拔针，3锁针（算作1长针），在同一锁针链上钩（2长针，1锁针，3长针），1锁针，下个3锁针中钩3长针，1锁针，★下个5锁针链上钩（3长针，1锁针，3长针），1锁针，下个3锁针中钩3长针，1锁针；从★开始重复钩完整圈；用引拔针连接开始3锁针的第3针。（36长针，12个1锁针空间）B线断线，固定，藏线头。

钩针：3.50mm

线：细线

A线：N43

B线：N26

（线号对应的颜色请参考第5页）

完成尺寸：7cm

四长长针枣形针：在钩针上绕线2圈，将钩针插入指定的针目或空间，拉出线圈（现在钩针上有4个线圈），［绕线，将钩针拉过钩针上的2个线圈］2次（现在钩针上有2个线圈），★在钩针上绕线2次，将钩针插入同一针目或空间，拉出线圈，［绕线，将钩针拉过钩针上的2个线圈］2次，从★开始再重复2次（现在钩针上有5个线圈），绕线并将钩针同时拉过钩针上的5个线圈。

加入短针：钩针上打活结，将钩针插入指定的针目或空间，拉出线圈（现在钩针上有2个线圈），绕线，将钩针同时拉过这2个线圈（第一个短针完成）。

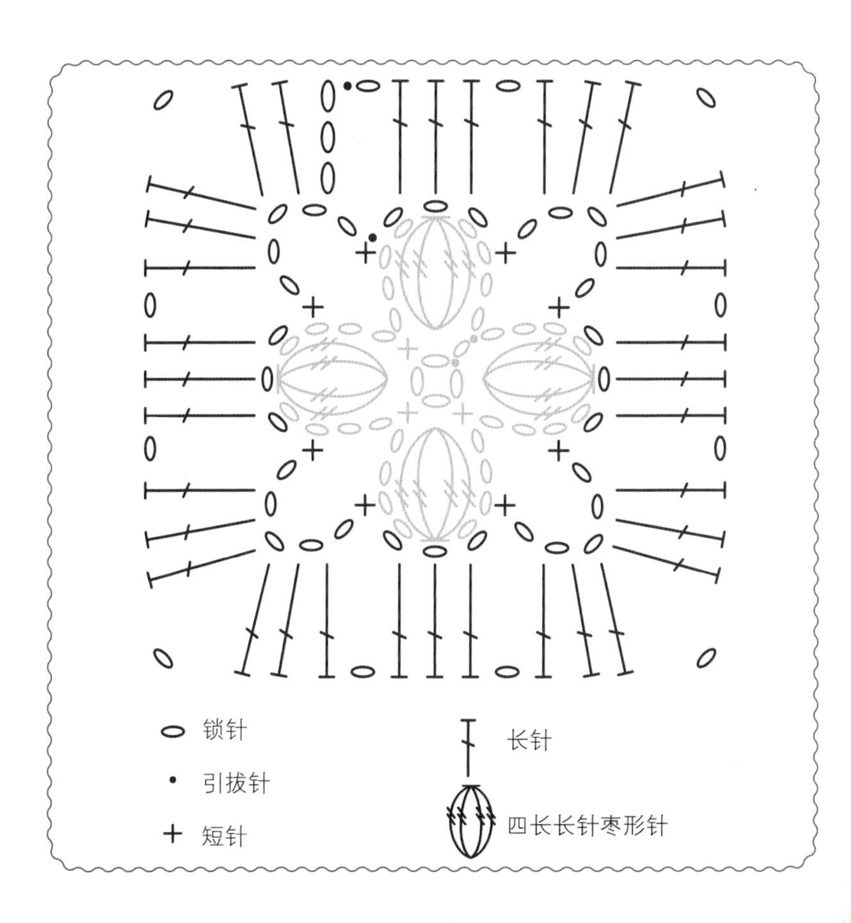

帽子：做法见105页

图案4

图案钩编说明

基础圈：使用A线，起4锁针；用引拔针连接成环。

第1圈：（正面）5锁针（算作1长针和2锁针），［在锁针环里钩1长针，2锁针］7次；用引拔针连接开始5锁针的第3针。（8长针，8个2锁针空间）

第2圈：在下个2锁针空间中加入引拔针，2锁针（作为1中长针），在同一空间内钩（3长针，1中长针），★在下个2锁针空间中钩（1中长针，3长针，1中长针）；从★开始重复钩完整圈；用引拔针连接开始2锁针的第2针。

第3圈：8锁针（算作1长针和5锁针），跳过接下来的3长针，在后面2个中长针之间的空间里钩1长针，7锁针，跳过接下来的3长针，★在接下来的2个中长针之间的空间里钩1长针，5锁针，跳过接下来的3长针，在接下来的2个中长针之间的空间里钩1长针，7锁针，跳过接下来3长针；从★开始重复钩完整圈；用引拔针连接开始8锁针的第3针。（8长针，4个5锁针链，4个7锁针链）

第4圈：在下个5锁针链上钩引拔针，3锁针（算作1长针），在同一条锁针链上钩3长针，1锁针，在下个7锁针链上钩（3长针，1锁针，3长针），1锁针，★下个5锁针链上钩4长针，1锁针，下个7锁针链上钩（3长针，1锁针，3长针），1锁针；从★开始重复钩完整圈；用引拔针连接开始3锁针的第3针。（40长针，12个1锁针空间）断线，固定，藏线头。

钩针：6.00mm

线：粗线
A线：84
（线号对应的颜色请参考第5页）

完成尺寸：15cm

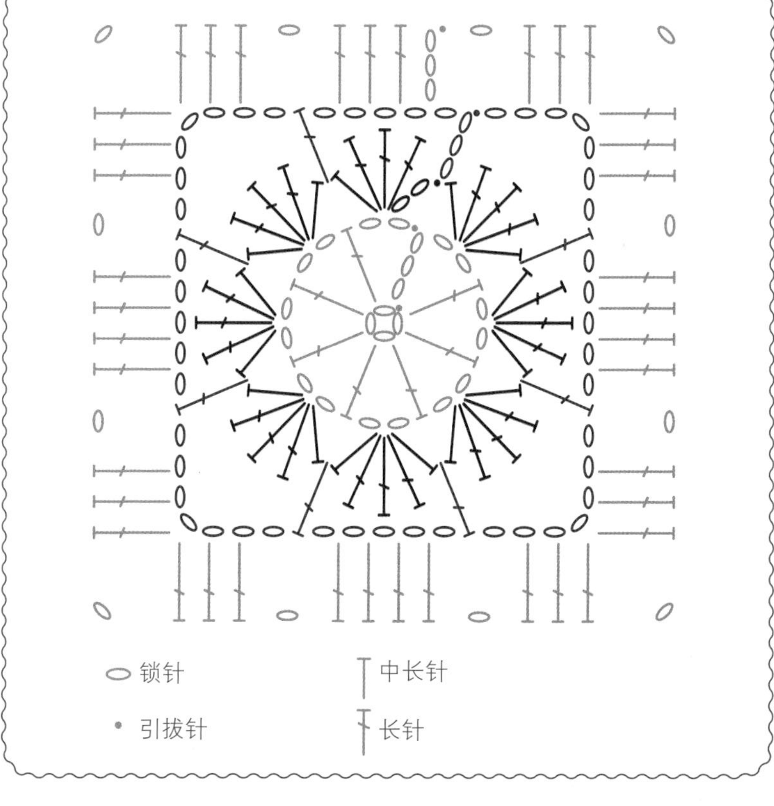

地毯：做法见107页

图案5

图案钩编说明

基础圈：使用A线，起4锁针；用引拔针连接成环。

第1圈：（正面）1锁针（不算作第一针），锁针环里钩12短针；用引拔针与第一个短针相连。（12短针）

第2圈：11锁针，在同一个针目中引拔针连接，★下一短针中钩（引拔针，11锁针，引拔针）；从★开始重复钩完整圈。A线断线，固定，藏线头。

第3圈：正面朝上，用引拔针将B线接入任一个11锁针链（在花瓣的顶端），1锁针，在一个11锁针链上钩1短针，2锁针，在下一个11锁针链顶端钩1短针，2锁针，在下一个11锁针链上钩（3长针，1锁针，3长针），2锁针，★［在下一个11锁针链的顶部钩1短针，2锁针］2次，在下一个11锁针链上钩（3长针，1锁针，3长针），2锁针；从★开始重复钩完整圈；用引拔针与第一个短针连接。B线断线，固定，藏线头。

钩针：3.50mm

线：细线
A线：N06
B线：N38
（线号对应的颜色请参考第5页）

完成尺寸：7cm

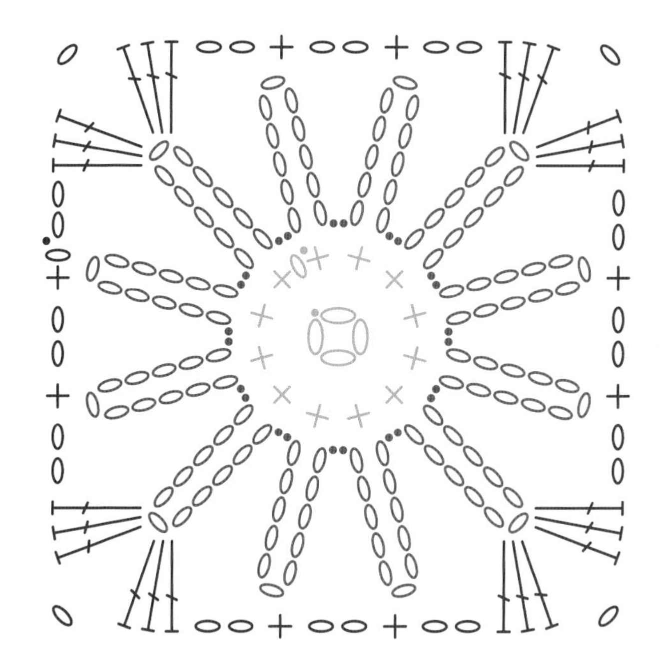

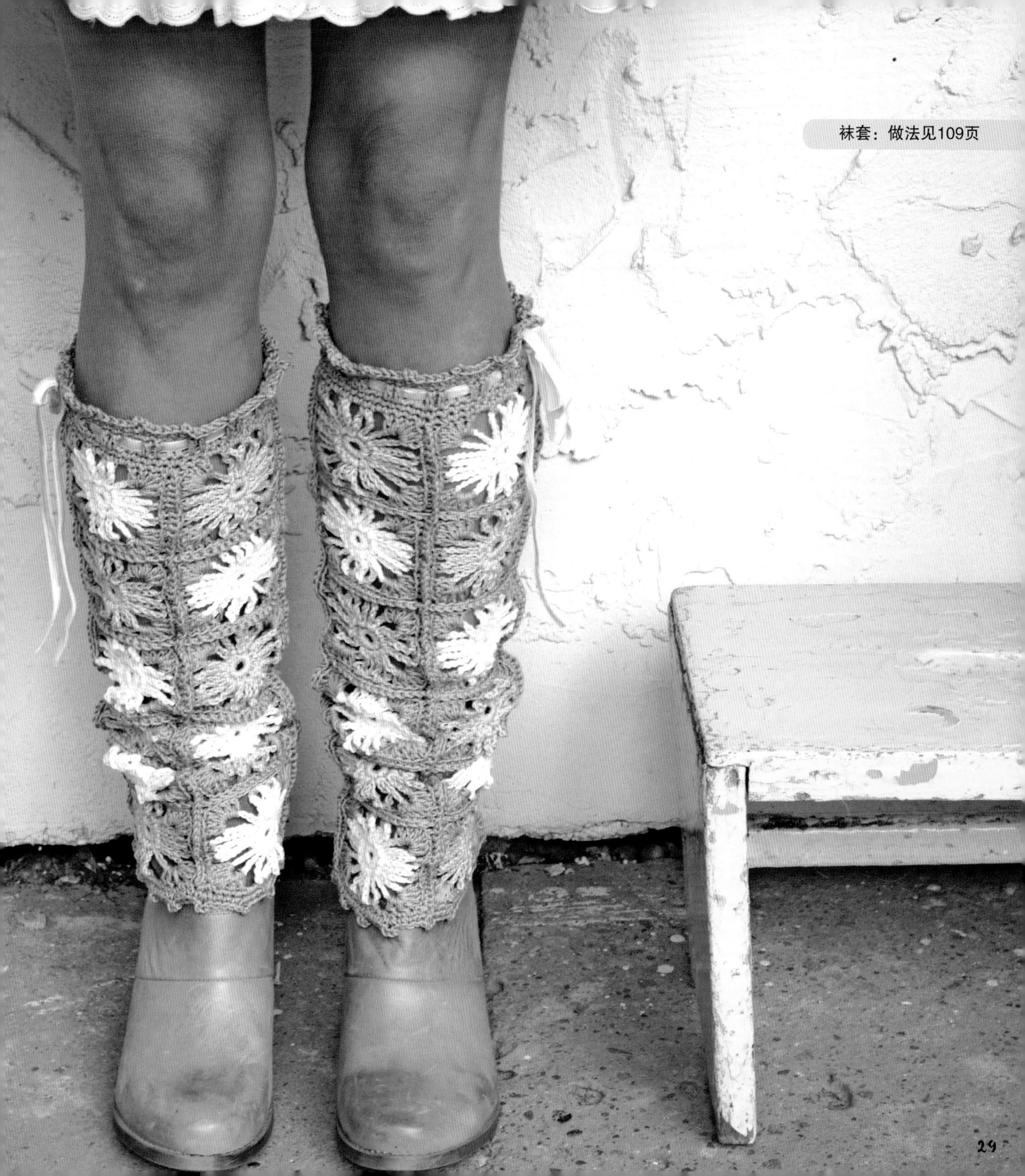

袜套：做法见109页

图案6

图案钩编说明

基础圈：使用A线，起4锁针；用引拔针连接成环。

第1圈：（正面）3锁针（算作1长针），绕线，将钩针插入锁针环，拉出线圈，绕线，将钩针拉过钩针上的2个线圈（现在钩针上还有2个线圈），绕线并将钩针拉过钩针上的所有线圈（首个两长针枣形针完成），2锁针，[锁针环里钩1个两长针枣形针，2锁针]7次；用引拔针连接开始3锁针的第3针。（8个枣形针，8个2锁针空间）

第2圈：在第一个2锁针空间中钩引拔针，2锁针（作为第一个中长针），在同一空间中钩（3长针，1中长针），*在下个2锁针空间中钩（1中长针，3长针，1中长针）；从*开始重复钩完整圈；用引拔针与第一个中长针（开始2锁针的第2针）相连。（8个花瓣）断线，固定，藏线头。

第3圈：正面朝上，从花瓣后面开始（将花瓣向前弯折），用1短针将A线接入第一圈中任意枣形针的顶部，5锁针，在下个枣形针上钩1短针，3锁针，*下个枣形针钩1短针，5锁针，下个枣形针钩1短针，3锁针；从*开始重复钩完整圈；用引拔针连接第一个短针。（8短针，4个3锁针链，4个5锁针链）

第4圈：在第一个5锁针链上钩引拔针，1锁针（不算作第一针），在同一个5锁针链上钩（1短针，1中长针，1长针，1锁针，1长针，1中长针，1短针），1锁针，下个3锁针上钩3短针，1锁针，*在下个5锁针上钩（1短针，1中长针，1长针，1锁针，1长针，1中长针，1短针），1锁针，在下个3锁针上钩3短针，1锁针；从*开始重复钩完整圈；用引拔针连接第一个短针。断线，固定，藏线头。

钩针：3.50mm

线：细线

A线：N38

（线号对应的颜色请参考第5页）

完成尺寸：6cm

两长针枣形针：在钩针上绕线，将钩针插入指定的针目或空间，拉出线圈，钩针上绕线，将钩针拉过钩针上的2个线圈，绕线，将钩针插入同一针目或空间，拉出线圈，绕线，将钩针拉过钩针上的2个线圈（现在钩针上有3个线圈），绕线并将钩针拉过所有3个线圈。

要点：一圈中的首个枣形针，与一圈中的其他枣形针起针方式不同。首个枣形针针法包含在图案钩编说明中。一圈中的其他枣形针，参照上述说明。

加入短针：钩针上打活结，将钩针插入指定的针目或空间，拉出线圈（现在钩针上有2个线圈），绕线，将钩针同时拉过这2个线圈（第一个短针完成）。

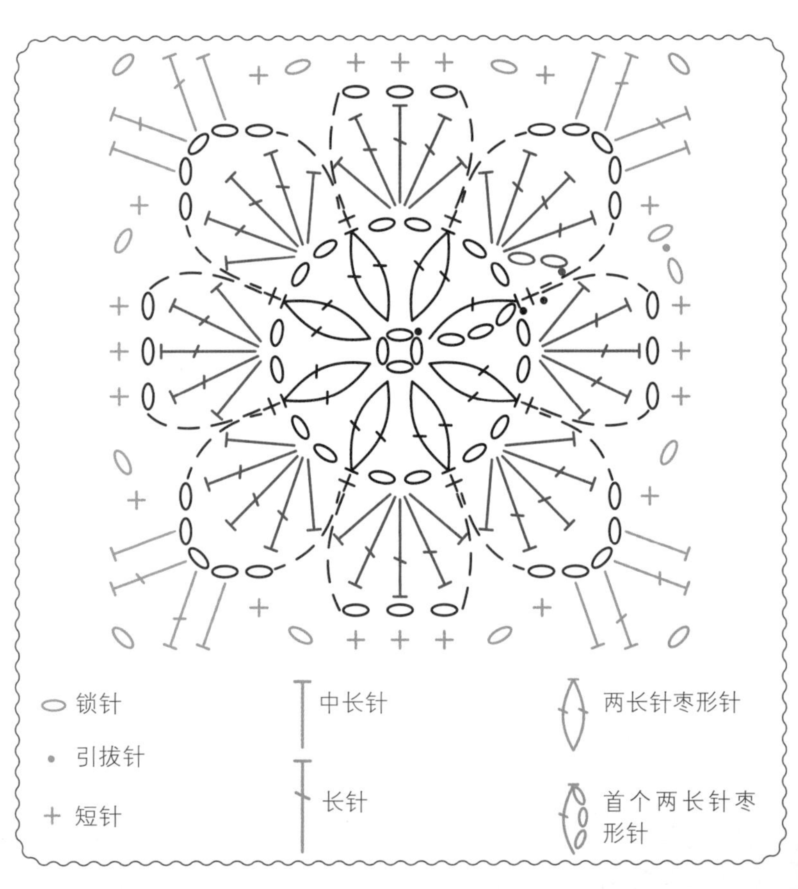

手包：做法见111页

图案7

钩针：3.50mm

线：细线
A线：N35
B线：N03
（线号对应的颜色请参考第5页）

完成尺寸：8cm

图案钩编说明

基础圈：使用A线，起4锁针；用引拔针连接成环。

第1圈：（正面）4锁针（算作1长针和1锁针），［锁针环中钩1长针，1锁针］11次；用引拔针连接开始3锁针的第3针。（12长针，12个1锁针空间）A线断线，固定，藏线头。

第2圈：正面朝上，用引拔针将B线接入第一个1锁针空间中，4锁针（作为第一个中长针，2锁针），同一空间中钩1中长针，［下个1锁针空间中钩（1中长针，2锁针，1中长针）］钩完整圈；用引拔针连接开始4锁针的第2针。（24个中长针，12个2锁针空间）

第3圈：1锁针（不算作第一针），在第一个和最后一个中长针之间的空间（接线处的下面那个空间）里钩1短针，下个2锁针空间里钩8个中长针，★接下来的2个中长针之间的空间里钩1短针，接下来的1个2锁针空间里钩8个中长针；从★开始重复钩完整圈；用引拔针连接第一个短针。（12个花瓣，12短针）B线断线，固定，藏线

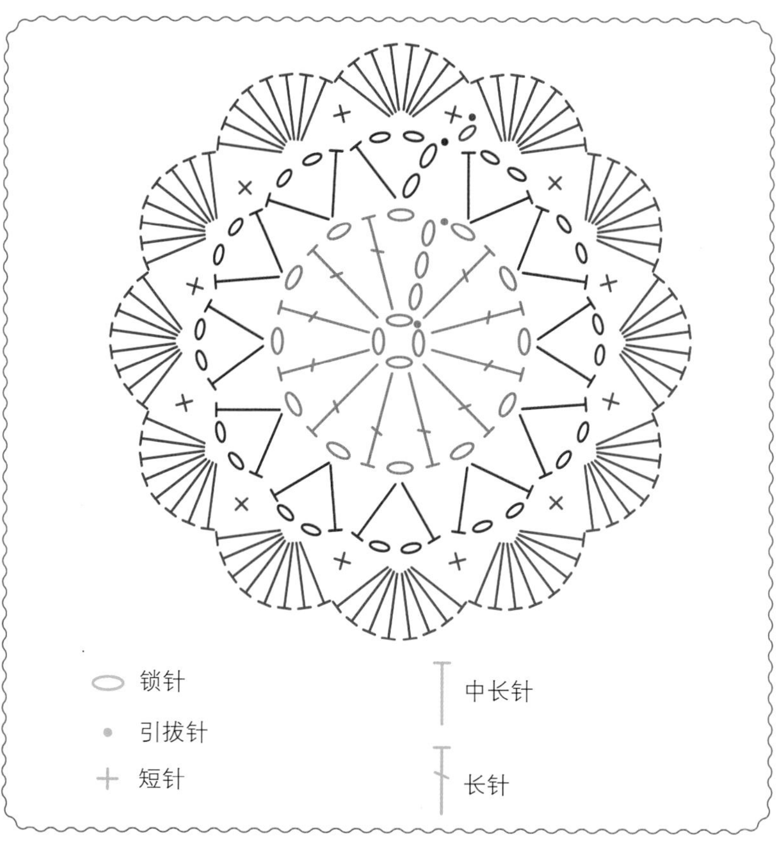

披肩：做法见113页

图案8

钩针： 3.50mm

线： 细线
A线：N49
B线：N82
C线：N43
D线：N18
E线：N83
（线号对应的颜色请参考第5页）

完成尺寸： 14cm

三卷三长针枣形针： 在钩针上绕线3圈，将钩针插入指定的针目或空间，拉出线圈（钩针上现在有5个线圈），［绕线，将钩针拉过钩针上的2个线圈］3次，（现在钩针上剩2个线圈），★将线在钩针上绕3圈，将钩针插入同一针目或空间，拉出线圈，［绕线，将钩针拉过钩针上的2个线圈］3次，从★开始再重复1次（现在钩针上有4个线圈），绕线，将钩针同时拉过4个线圈。

三长针枣形针（即3个长针组成的枣形针，全书通用）： 绕线，钩针插入指定的针目或空间，拉出线圈，绕线，将钩针拉过钩针上的2个线圈，［绕线，将钩针插入同一针目或空间，拉出线圈，绕线，将钩针拉过钩针上的2个线圈］重复2次（现在钩针上有4个线圈），绕线，将钩针同时拉过4个线圈。

要点： 一圈中的首个枣形针，与一圈中的其他枣形针起针方式不同。首个枣形针针法包含在图案钩编说明中。一圈中的其他枣形针，参照上述说明。

加入短针： 钩针上打活结，将钩针插入指定的针目或空间，拉出线圈（现在钩针上有2个线圈），绕线，将钩针同时拉过这2个线圈（第一个短针完成）。

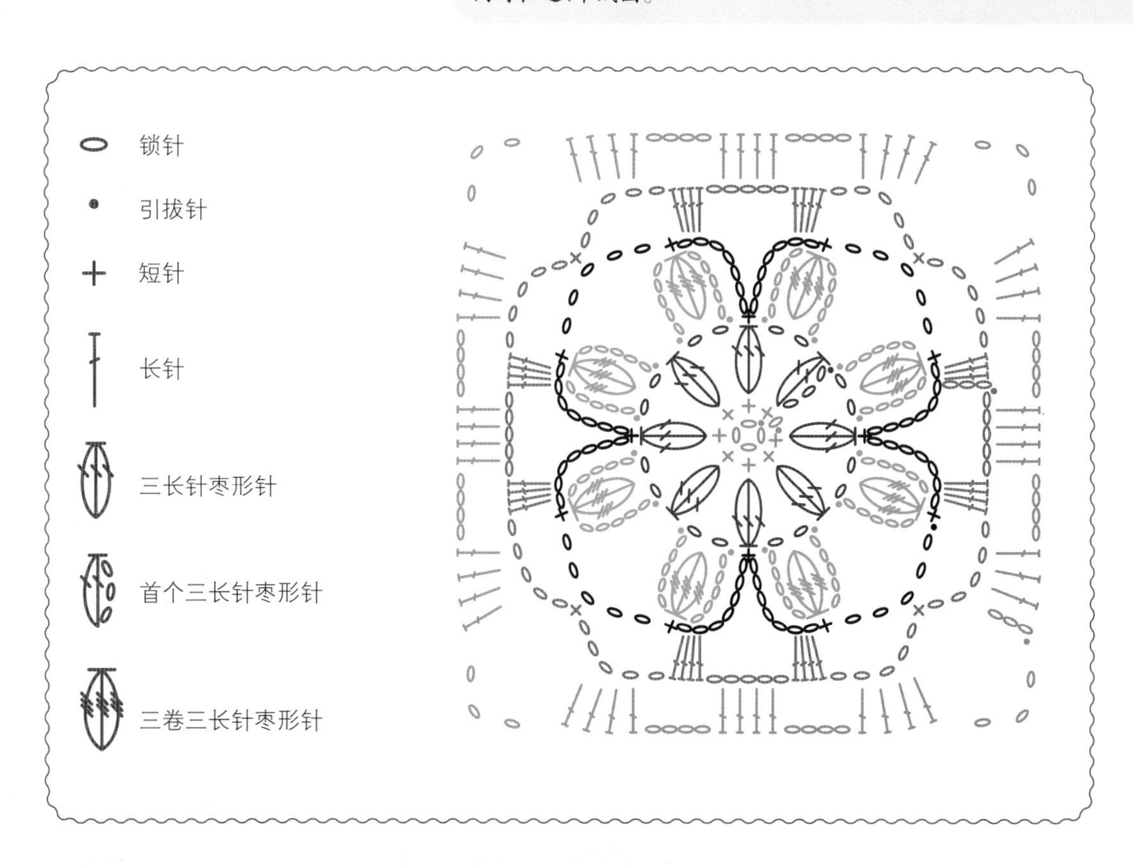

图案钩编说明

基础圈：使用A线，起4锁针；用引拔针连接成环。

第1圈：（正面）1锁针（不算作第一针），一圈钩8短针；用引拔针与第一个短针相连。（8短针）A线断线，固定，藏线头。

第2圈：正面朝上，在前一圈的任意短针中用引拔针加入B线，起3锁针（算作1长针，后面也是如此），［绕线，将钩针插入起引拔针的同一针目中，拉出线圈，绕线，将钩针同时拉过钩针上的2个线圈］2次（现在钩针上有3个线圈），绕线，将钩针同时拉过钩针上的3个线圈（首个三长针枣形针完成），2锁针，［下一短针上钩1个三长针枣形针，2锁针］钩完整圈；用引拔针连接开始3锁针的第3针。（8个枣形针，8个2锁针空间）B线断线，固定，藏线头。

第3圈：正面朝上，在前一圈的任意2锁针空间中用引拔针加入C线，5锁针，同一2锁针空间中钩1个三卷三长针枣形针，5锁针，同一2锁针空间内钩引拔针，［在下个2锁针空间内钩（引拔针，5锁针，1个三卷三长针枣形针，5锁针，引拔针）］钩完整圈，用引拔针与开始5锁针的第一针相连。（8个花瓣）C线断线，固定，藏线头。

第4圈：正面朝上，以D线在任意花瓣（第3圈的枣形针）的顶端钩1短针，7锁针，在花瓣之间凹谷处（即第2圈的枣形针顶部）钩1短针，7锁针，下个花瓣的顶部钩1短针，5锁针，★下个花瓣的顶部钩1短针，7锁针，2个花瓣间的凹谷处钩1短针，7锁针，下个花瓣的顶部钩1短针，5锁针；从★开始重复钩完整圈；用引拔针与第一个短针相连。（8短针，8个7锁针链，4个5锁针链）D线断线，固定，藏线头。

第5圈：正面朝上，在第二个7锁针链上以E线钩引拔针，3锁针，同一个7锁针链上钩3长针，5锁针，下个5锁针链上钩1短针，5锁针，下个7锁针链上钩4长针，5锁针，★下个7锁针链上钩4长针，5锁针，下个5锁针链上钩1短针，5锁针，下个7锁针链上钩4长针，5锁针；从★开始重复钩完整圈；用引拔针连接开始3锁针的第3针。（8个四长针组，12个5锁针链）E线断线，固定，藏线头。

第6圈：正面朝上，在任一角落的第二个5锁针链上用引拔针接入A线，起3锁针，同一个5锁针链上钩3长针，［4锁针，下个5锁针链上钩4长针］2次，3锁针，★［下个5锁针链上钩4长针，4锁针］2次，下个5锁针链上钩4长针，3锁针；从★开始重复钩完整圈；用引拔针连接开始3锁针的第3针。（12个四长针组，8个4锁针链，4个3锁针链）A线断线，固定，藏线头。

围脖：做法见115页

图案9

图案钩编说明

基础圈：使用A线，起4锁针；用引拔针连接成环。

第1圈：（正面）3锁针（算作1长针，后面也是如此），在锁针环中钩17长针；用引拔针与开始3锁针的第3针相连。（18长针）

第2圈：1锁针（不算作第一针），在同一个针目中钩1短针，5锁针，以［跳过2长针，在下一长针中钩1短针，5锁针］钩完整圈；用引拔针与第一个短针相连。（6短针，6个5锁针链）A线断线，固定，藏线头。

第3圈：正面朝上，在第一个5锁针链上用引拔针接入B线，1锁针，在同一个5锁针链上钩（1短针，1中长针，1长针，1长长针，1长针，1中长针，1短针），以［在下个5锁针链上钩（1短针，1中长针，1长针，1长长针，1长针，1中长针，1短针）］钩完整圈；用引拔针连接第一个短针。（6个花瓣）B线断线，固定，藏线头。

第4圈：正面朝上，用引拔针将C线接入任一片花瓣的最后一短针，3锁针，［绕线，将钩针插入同一针目，拉出线圈，绕线，将钩针拉过钩针上的2个线圈］2次（现在钩针上有3个线圈），绕线并将钩针拉过所有3个线圈（首个三长针枣形针完成），3锁针，在下一短针（下个花瓣的第一个短针）中钩1个三长针枣形针，2锁针，跳过后面两针，在下个长长针上钩1短针，2锁针，跳过后面两针，★在下一短针上钩1个三长针枣形针，3锁针，在下一短针上钩1个三长针枣形针，2锁针，跳过后面两针，在下个长长针上钩1短针，2锁针，跳过后面2针；从★开始重复钩完整圈；用引拔针连接开始3锁针上的第3针。（12个枣形针，6短针，12个2锁针空间，6个3锁针空间）C线断线，固定，藏线头。

钩针：3.50mm

线：细线
A线：N79
B线：N25
C线：N30
D线：N20
（线号对应的颜色请参考第5页）

完成尺寸：11cm

三长针枣形针：绕线，钩针插入指定的针目或空间，拉出线圈，绕线，将钩针拉过钩针上的2个线圈，［绕线，将钩针插入同一针目或空间，拉出线圈，绕线，将钩针拉过钩针上的2个线圈］重复2次，（现在钩针上有4个线圈），绕线，将钩针同时拉过4个线圈。

要点：一圈中的首个枣形针，与一圈中的其他枣形针起针方式不同。首个枣形针针法包含在图案钩编说明中。一圈中的其他枣形针，参照上述说明。

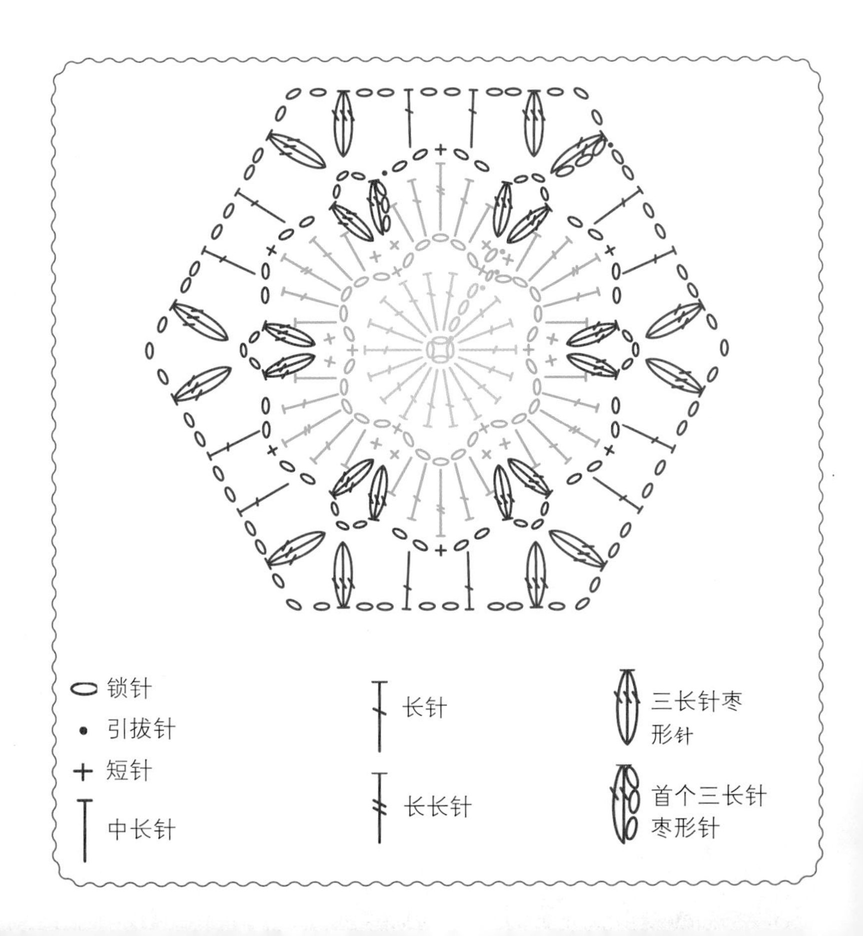

第5圈：正面朝上，用引拔针将D线接入任意3锁针空间中（在枣形针中间），3锁针，［绕线，将钩针插入同一空间，拉出线圈，绕线，将钩针拉过钩针上的2个线圈］2次（现在钩针上有3个线圈），绕线并将钩针同时拉过所有3个线圈（首个三长针枣形针完成），3锁针，在同一空间内钩1个三长针枣形针，［2锁针，在下个2锁针空间中钩1长针］2次，2锁针，★在下个3锁针空间里钩（1个三长针枣形针，3锁针，1个三长针枣形针），［2锁针，在下个2锁针空间中钩1长针］2次，2锁针；从★开始重复钩完整圈；用引拔针连接开始的锁针上的第3针。（12个枣形针，12长针，18个2锁针空间，6个3锁针空间）D线断线，固定，藏线头。

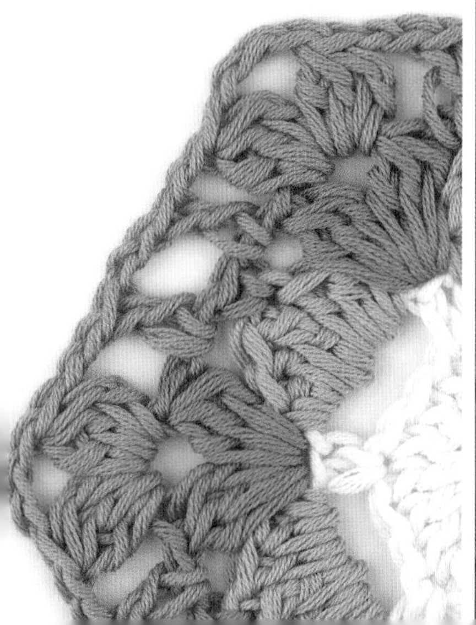

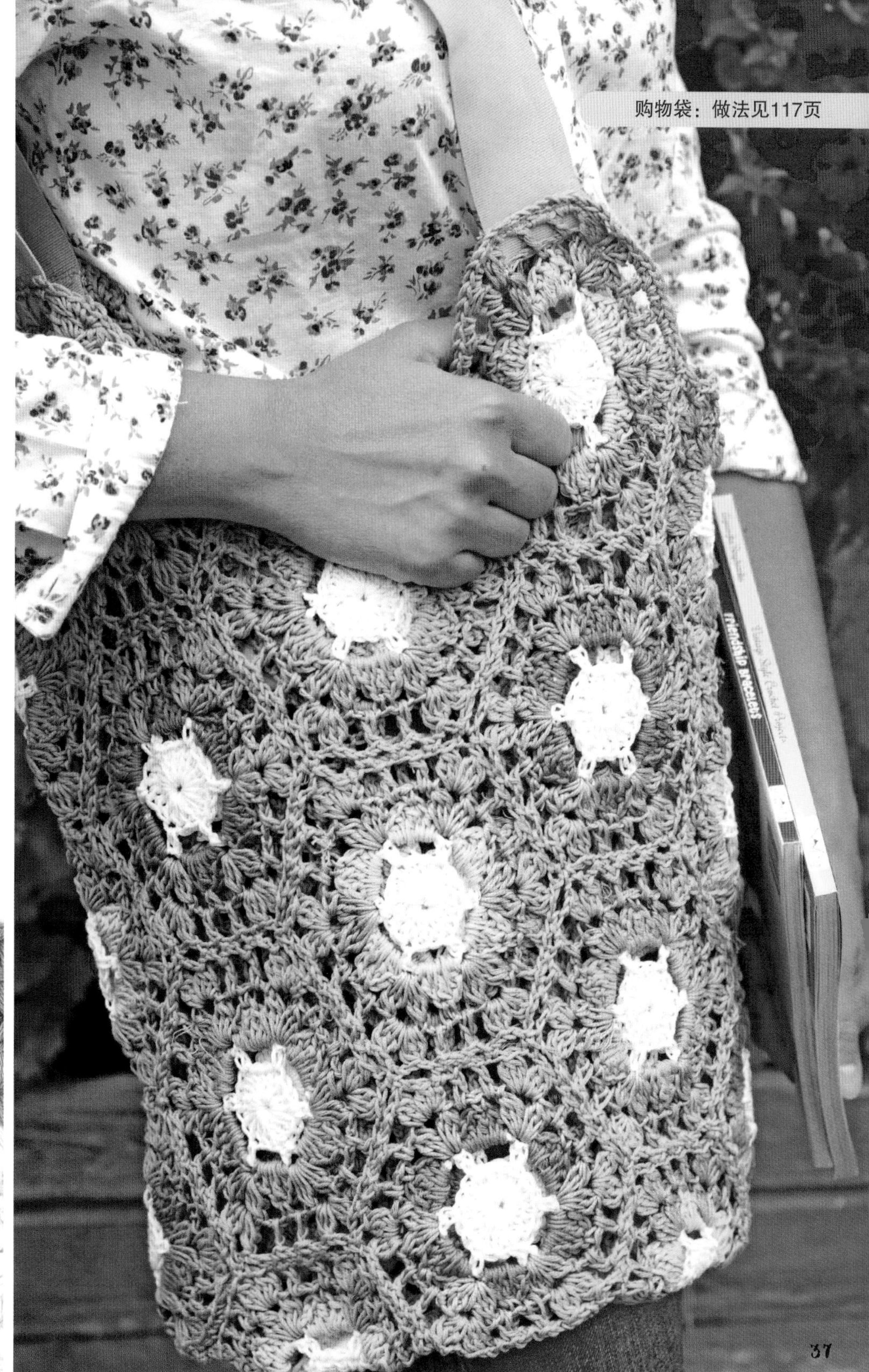

购物袋：做法见117页

图案10

钩针：3.50mm

线：细线
A线：N80
B线：N87
（线号对应的颜色请参考第5页）

完成尺寸：12cm

两长针枣形针：在钩针上绕线，将钩针插入指定的针目或空间，拉出线圈，钩针上绕线，将钩针拉过钩针上的2个线圈，绕线，将钩针插入同一针目或空间，拉出线圈，绕线，将钩针拉过钩针上的2个线圈（现在钩针上有3个线圈），绕线并将钩针拉过所有3个线圈。

三长针枣形针：绕线，钩针插入指定的针目或空间，拉出线圈，绕线，将钩针拉过钩针上的2个线圈，[绕线，将钩针插入同一针目或空间，拉出线圈，绕线，将钩针拉过钩针上的2个线圈]重复2次，（现在钩针上有4个线圈），绕线，将钩针同时拉过4个线圈。

要点：一圈中的首个枣形针，与一圈中的其他枣形针起针方式不同。首个枣形针针法包含在图案钩编说明中。一圈中的其他枣形针，参照上述说明。

加入短针：钩针上打活结，将钩针插入指定的针目或空间，拉出线圈（现在钩针上有2个线圈），绕线，将钩针同时拉过这2个线圈。（第一个短针完成）

图案钩编说明

基础圈：使用A线或B线，起6锁针；用引拔针连接成环。

第1圈：（正面）3锁针（算作1长针，后面也是如此），绕线，将钩针插入锁针环中，拉出线圈，绕线，将钩针拉出钩针上的2个线圈（现在钩针上2个线圈），绕线，将钩针拉过所有线圈（首个两长针枣形针完成），1锁针，在锁针环中钩1长针，1锁针，[锁针环中钩1个两长针枣形针，1锁针，锁针环中钩1长针，1锁针]7次；用引拔针连接开始3锁针的第3针。（8个枣形针，8长针，16个1锁针空间）断线，固定，藏线头。

第2圈：正面向上，使用另一个颜色的线用1短针接入任意1锁针空间，5锁针，[下个1锁针空间里钩1短针，5锁针]钩完整圈；用引拔针连接第一个短针。（16短针，16个5锁针链）

第3圈：用引拔针连接下个5锁针链，3锁针（算作1长针，后面也是如此），[绕线，将钩针插入同一锁针，拉出线圈，绕线，将钩针拉过钩针上的2个线圈]2次（现在钩针上有3个线圈），绕线并将钩针拉过所有3个线圈（首个三长针枣形针完成），5锁针，在同一锁针链上钩1个三长针枣形针，5锁针，[在下一锁针链上，跳过接下来的2锁针，用引拔针连接下个（中间的）锁针，5锁针]3次，*在下一锁针链上钩（1个三长针枣形针，5锁针，1个三长针枣形针），5锁针，[用引拔针连接下个5锁针链的中间一针，5锁针]3次；从*开始重复钩完整圈；用引拔针连接开始3锁针的第3针。（8个枣形针，20个5锁针链）

第4圈：在下个5锁针链上钩引拔针，钩首个三长针枣形针，5锁针，同一锁针链上钩1个三长针枣形针，5锁针，[下一锁针链的中心一针上钩引拔针，5锁针]4次，*下一锁针链上钩（1个三长针枣形针，5锁针，1个三长针枣形针），5锁针，[在下一锁针链的中间一针钩引拔针，5锁针]4次；从*开始重复钩完整圈；用引拔针连接开始3锁针的第3针。（8个枣形针，24个5锁针链）断线，固定，藏线头。

围巾：做法见119页

图案11

钩针： 3.50mm

细线棉线：
A线：N06
B线：N44
（线号对应的颜色请参考第5页）

完成尺寸： 12cm

三长针枣形针： 绕线，钩针插入指定的针目或空间，拉出线圈，绕线，将钩针拉过钩针上的2个线圈，［绕线，将钩针插入同一针目或空间，拉出线圈，绕线，将钩针拉过钩针上的2个线圈］重复2次，（现在钩针上有4个线圈），绕线，将钩针同时拉过4个线圈。

三长长针枣形针： 钩针上绕线2次，钩针插入指定的针目或空间，拉出线圈，（现在钩针上有4个线圈），［绕线，将钩针拉过钩针上的2个线圈］2次（现在钩针上有2个线圈），★在钩针上绕线2次，将钩针插入同一针目或空间，拉出线圈，［绕线，将钩针拉过钩针上的2个线圈］2次，从★开始重复1次（现在钩针上有4个线圈），绕线并将钩针拉过所有4个线圈。

要点： 一圈中的首个枣形针，与一圈中的其他枣形针起针方式不同。首个枣形针针法包含在图案钩编说明中。一圈中的其他枣形针，参照上述说明。

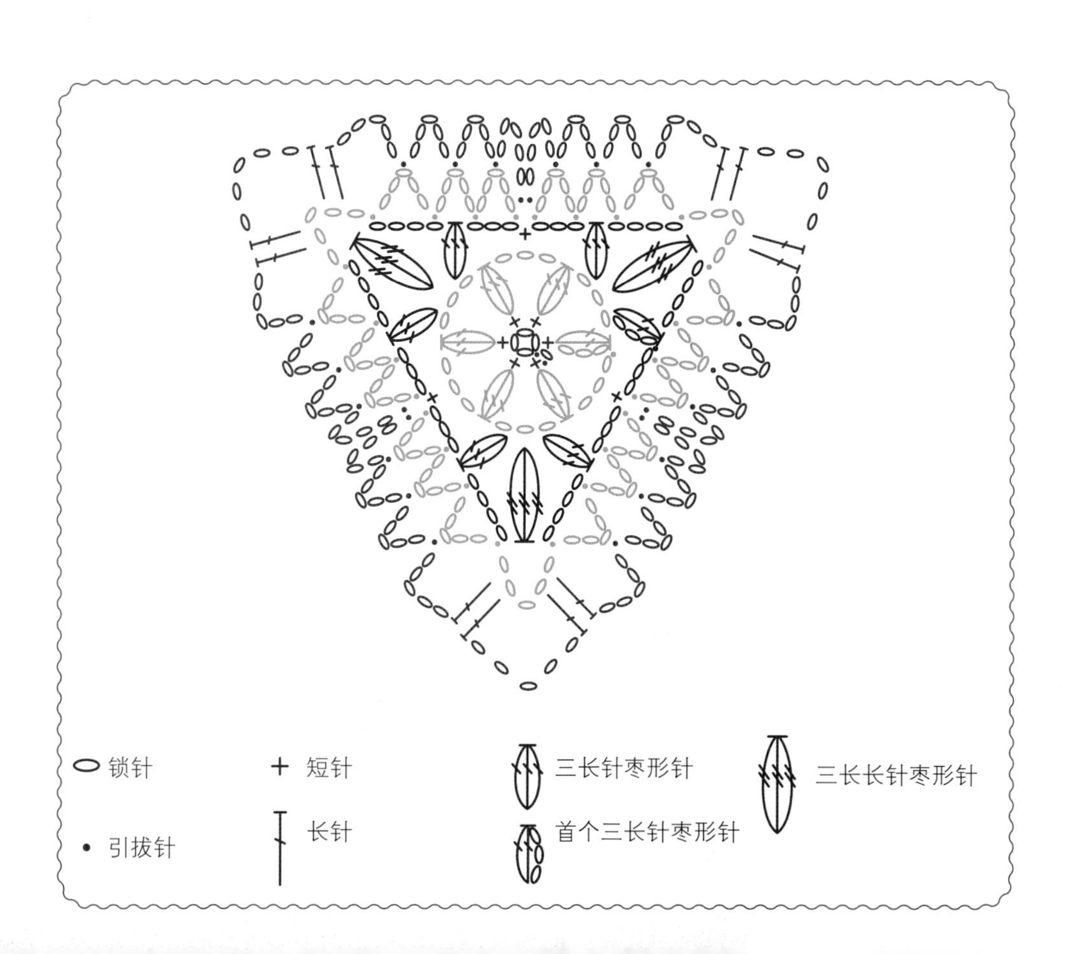

图案钩编说明

基础圈：使用A线，起4锁针；用引拔针连接成环。

第1圈：（正面）1锁针（不算作第一针），在锁针环中钩6短针；用引拔针连接第一个短针。（6短针）

第2圈：3锁针（算作1长针，后面也是如此），[绕线，将钩针插入引拔针的同一针目，拉出线圈，绕线，将钩针拉过钩针上的2个线圈]2次（钩针上现在有3个线圈），绕线并将钩针拉过所有3个线圈（首个三长针枣形针完成），3锁针，[下一短针上钩1个三长针枣形针，3锁针]钩完整圈；用引拔针连接开始3锁针的第3针。（6个枣形针，6个3锁针空间）

第3圈：在下个3锁针空间中钩引拔针，钩首个三长针枣形针，4锁针，在同一个空间内钩（1个三长长针枣形针，4锁针，1个三长针枣形针），3锁针，在下个3锁针空间内钩1短针，3锁针，★在下个3锁针空间内钩（1个三长针枣形针，4锁针，1个三长长针枣形针，4锁针，1个三长针枣形针），3锁针，下个3锁针空间内钩1短针，3锁针；从★开始重复钩完整圈；用引拔针连接开始锁针的第3针。（9个枣形针，3短针，6个4锁针空间，6个3锁针空间）A线断线，固定，藏线头。

第4圈：正面朝上，用引拔针将B线接入最后一个3锁针空间（枣形针组中第一个枣形针之前），5锁针，在同一空间中钩引拔针，5锁针，[在下一锁针空间中钩（引拔针，5锁针，引拔针），5锁针]3次，下个3锁针空间里钩（引拔针，5锁针，引拔针），★[在下一锁针空间中钩（引拔针，5锁针，引拔针），5锁针]5次，下个3锁针空间里钩（引拔针，5锁针，引拔针）；从★开始重复钩完整圈；用引拔针连接第一个锁针。（21个5锁针链）

第5圈：★[5锁针，在下个5锁针链上钩引拔针]3次，5锁针，在下个5锁针链上钩（2长针，5锁针，2长针），[5锁针，在下个5锁针链上钩引拔针]3次，5锁针，在接下来的2个引拔针之间的空间中钩引拔针；从★开始重复钩完整圈。B线断线，固定，藏线头。

桌巾：做法见123页

图案12

图案钩编说明

基础圈：使用A线，起4锁针；用引拔针连接成环。

第1圈：（正面）1锁针（不算作第一针），在锁针环中钩8短针；用引拔针连接第一个短针。（8短针）A线断线，固定，藏线头。

第2圈：正面朝上，用引拔针将B线接入任意短针，4锁针，在同一短针上钩1个三长长针枣形针，4锁针，在同一短针中钩引拔针，［在下一短针中钩（引拔针，4锁针，1个三长长针枣形针，4锁针，引拔针）］钩完整圈；用引拔针连接第一个锁针，（8个花瓣）B线断线，固定，藏线头。

第3圈：正面朝上，用引拔针将C线接入任意引拔针（花瓣之间），3锁针（算作1长针，后面也是如此），在同一针上钩1长针，3锁针，★下个引拔针中（花瓣之间）钩2长针，3锁针；从★开始重复钩完整圈；用引拔针连接开始3锁针的第3针。（16长针，8个3锁针空间）C线断线，固定，藏线头。

第4圈：正面朝上，用引拔针将D线接入任意3锁针空间，3锁针，在同一空间中钩（2长针，1锁针，3长针），2锁针，在下个3锁针空间中钩1短针，2锁针，★在下个3锁针空间内钩（3长针，1锁针，3长针），2锁针，在下个3锁针空间内钩1短针，2锁针；从★开始重复钩完整圈；用引拔针连接开始锁针的第3针。（24长针，4个1锁针空间，4短针，8个2锁针空间）D线断线，固定，藏线头。

钩针：3.50mm

线：细线
A线：N43
B线：N82
C线：N25
D线：N76
（线号对应的颜色请参考第5页）

完成尺寸：7cm

三长长针枣形针：钩针上绕线2次，钩针插入指定的针目或空间，拉出线圈（现在钩针上有4个线圈），［绕线，将钩针拉过钩针上的2个线圈］2次（现在钩针上有2个线圈），★在钩针上绕线2次，将钩针插入同一针目或空间，拉出线圈，［绕线，将钩针拉过钩针上的2个线圈］2次，从★开始重复1次（现在钩针上有4个线圈），绕线将钩针拉过所有4个线圈。

要点：一圈中的首个枣形针，与一圈中的其他枣形针起针方式不同。首个枣形针针法包含在图案钩编说明中。一圈中的其他枣形针，参照上述说明。

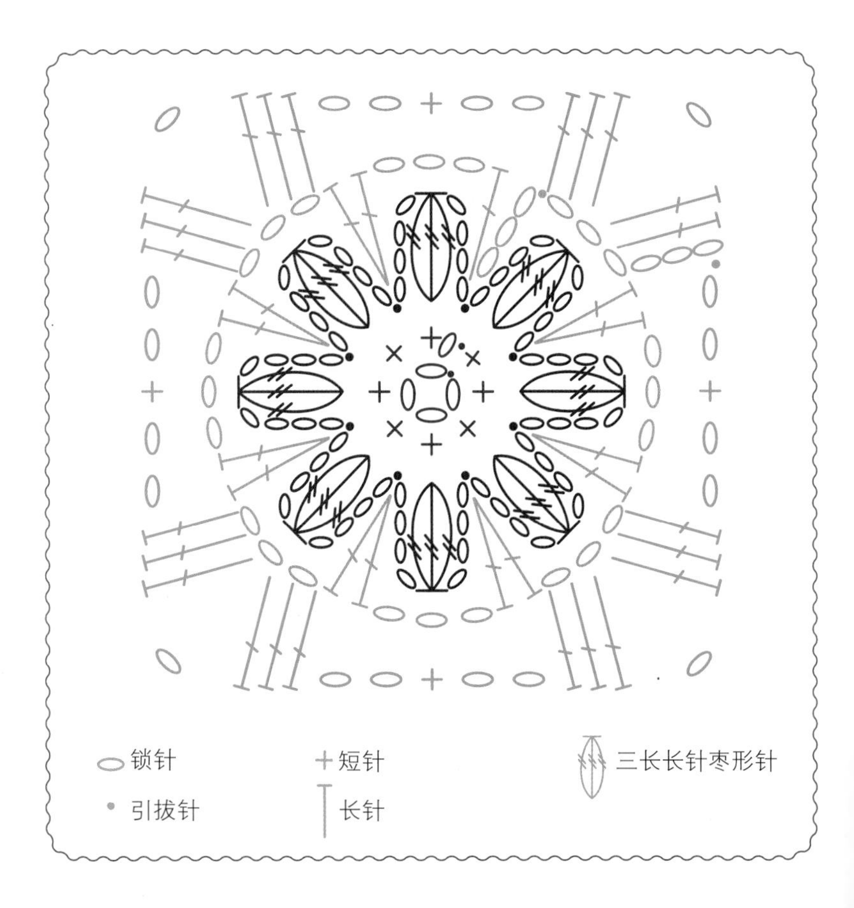

粉彩抱枕：做法见125页

图案13

图案钩编说明

基础圈：使用A线，起4锁针；用引拔针连接成环。

第1圈：（正面） 1锁针（不算作第一针），在锁针环中钩8短针；用引拔针连接第一个短针。（8短针）

第2圈：1锁针，在接线的同一针上钩1短针，5锁针，［下一短针上钩1短针，5锁针］钩完整圈；用引拔针连接第一个短针。（8短针，8个5锁针链）A线断线，固定，藏线头。

第3圈：正面朝上，用引拔针将B线接入任意5锁针链，3锁针（算作1长针），在同一锁针链上钩（1长针，1锁针，2长针），下个5锁针链上钩2个中长针，★在下个5锁针链上钩（2长针，1锁针，2长针），下个5锁针链上钩2个中长针；从★开始重复钩完整圈；用引拔针连接开始3锁针的第3针。B线断线，固定，藏线头。

钩针：5.00mm

线：粗线

A线：07

B线：111

（线号对应的颜色请参考第5页）

完成尺寸：9cm

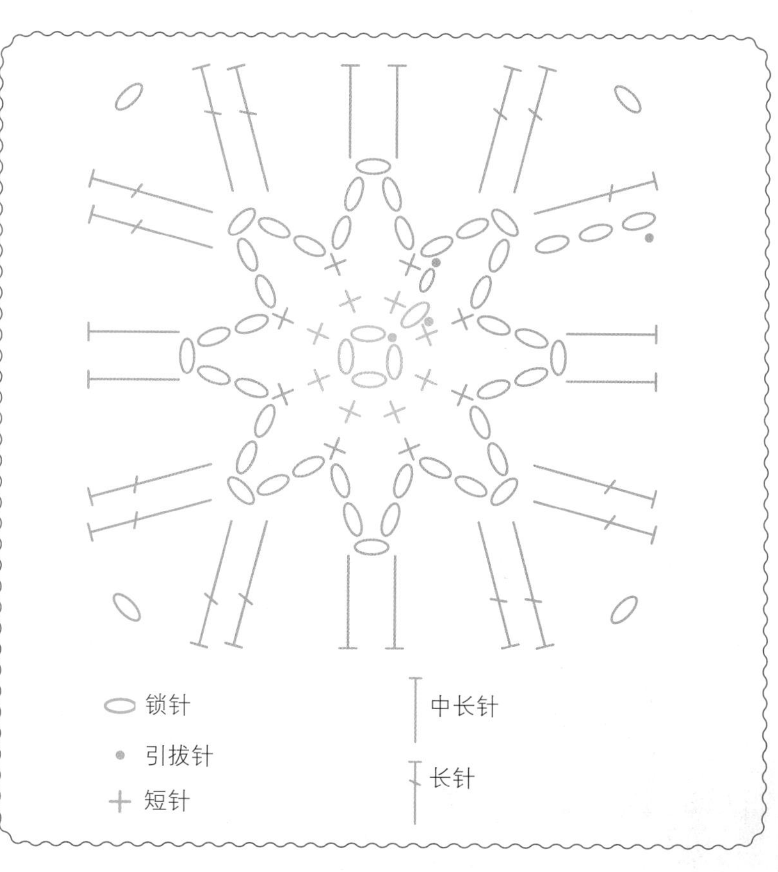

阳光抱枕：做法见127页

图案14

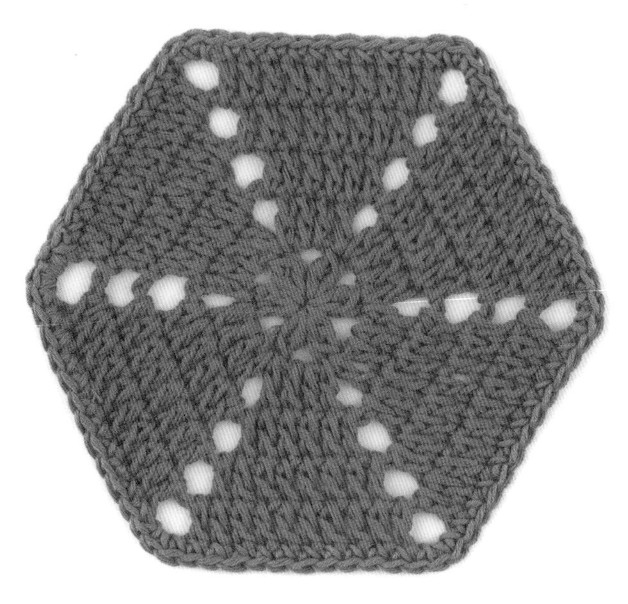

钩针：3.50mm

线：细线
A线：N18
B线：N26
（线号对应的颜色请参考第5页）

完成尺寸：12cm

两长针枣形针：在钩针上绕线，将钩针插入指定的针目或空间，拉出线圈，钩针上绕线，将钩针拉过钩针上的2个线圈，绕线，将钩针插入同一针目或空间，拉出线圈，绕线，将钩针拉过钩针上的2个线圈（现在钩针上有3个线圈），绕线并将钩针拉过所有3个线圈。

要点：一圈中的首个枣形针，与一圈中的其他枣形针起针方式不同。首个枣形针针法包含在图案钩编说明中。一圈中的其他枣形针，参照上述说明。

图案钩编说明

基础圈：使用A线，起4锁针；用引拔针连接成环。

第1圈：（正面）3锁针（算作1长针，后面也是如此），绕线，将钩针插入锁针环中，拉出线圈，绕线，将钩针拉过钩针上的2个线圈（现在钩针上有2个线圈），绕线，将钩针拉过所有线圈（首个两长针枣形针完成），3锁针，[锁针环中钩1个两长针枣形针，3锁针]5次；用引拔针连接开始3锁针的第3针。（6个枣形针，6个3锁针空间）

第2圈：6锁针（算作1长针和3锁针，后面也是如此），在引拔针的同一针目中钩1长针，下个3锁针空间中钩2长针，*在下个枣形针中钩（1长针，3锁针，1长针），下个3锁针空间中钩2长针；从*开始重复钩完整圈；用引拔针连接开始6锁针的第3针。（24长针，6个3锁针空间）

第3圈：在3锁针空间中钩引拔针，6锁针，在同一空间内钩1长针，接下来4长针上各钩1长针，*在接下来的3锁针空间中钩（1长针，3锁针，1长针），接下来4长针上各钩1长针；从*开始重复钩完整圈；用引拔针连接开始6锁针的第3针。（36长针，6个3锁针空间）

第4圈：在3锁针空间内钩引拔针，6锁针，同一个空间内钩1长针，接下来6长针上各钩1长针，*下个3锁针空间内钩（1长针，3锁针，1长针），接下来6长针上各钩1长针；从*开始重复钩完整圈；用引拔针连接开始6锁针的第3针。（48长针，6个3锁针空间）

第5圈：在3锁针空间内钩引拔针，6锁针，同一个空间内钩1长针，接下来8长针上各钩1长针，*下个3锁针空间内钩（1长针，3锁针，1长针），接下来8长针上各钩1长针；从*开始重复钩完整1圈；用引拔针连接开始6锁针的第3针。（60长针，6个3锁针空间）

第6圈：正面朝上，用引拔针将B线接入任意3锁针空间，1锁针（不算作第一针），同一个空间内钩3短针，接下来的10短针中各钩1短针，*下个转角处的3锁针空间里钩3短针，接下来的10短针中各钩1短针；从*开始重复钩完整圈；用引拔针连接第一个短针。（78短针）B线断线，固定，藏线头。

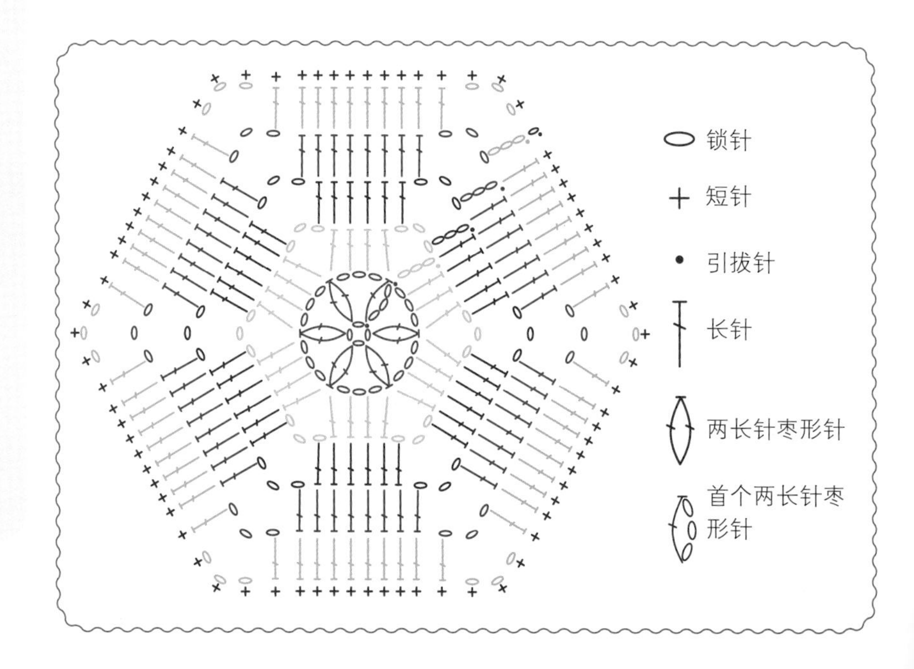

图案15

图案钩编说明

基础圈：使用A线，起4锁针；用引拔针连接成环。

第1圈：（正面）3锁针（算作1长针，后面也是如此），［绕线，将钩针插入锁针环中，拉出线圈，绕线，将钩针拉过钩针上的2个线圈］2次（钩针上有3个线圈），绕线，将钩针拉过全部3个线圈（首个三长针枣形针完成），3锁针，［锁针环中钩1个三长针枣形针，3锁针］5次；用引拔针连接开始的锁针的第3针。（6个枣形针，6个3锁针空间）A线断线，固定，藏线头。

第2圈：正面朝上，用引拔针将B线接入任意3锁针空间，钩首个三长针枣形针，2锁针，在下个空间中钩1个三长针枣形针，2锁针，同一空间中钩1个三长针枣形针，2锁针，★下个3锁针空间内钩（1个三长针枣形针，2锁针，1个三长针枣形针，2锁针）；从★开始重复钩完整圈；用引拔针连接开始3锁针的第3针。（12个枣形针，12个2锁针空间）

第3圈：下个2锁针空间内钩引拔针，钩首个三长针枣形针，2锁针，在同一空间内钩1个三长针枣形针，2锁针，下个2锁针空间内钩1个三长针枣形针，2锁针，★在下个2锁针空间内钩（1个三长针枣形针，2锁针，1个三长针枣形针），2锁针，下个2锁针空间内钩1个三长针枣形针，2锁针；从★开始重复钩完整圈；用引拔针连接开始3锁针的第3针。（18个枣形针，18个2锁针空间）

第4圈：下个2锁针空间内钩引拔针，钩首个三长针枣形针，2锁针，在同一空间内钩1个三长针枣形针，1锁针，［下个2锁针空间内钩3长针，1锁针］2次，★在下个2锁针空间内钩（1个三长针枣形针，2锁针，1个三长针枣形针），1锁针，［下个2锁针空间内钩3长针，1锁针］2次；从★开始重复钩完整圈；用引拔针连接开始3锁针的第3针。（12个枣形针，36长针，18个1锁针空间，6个2锁针空间）B线断线，固定，藏线头。

第5圈：正面朝上，用引拔针将C线加入任意转角处的2锁针空间，1锁针（不算作第一针），同一空间内钩3短针，［在下个针目或空间内钩1短针］钩完整圈，每个角落处的2锁针空间钩3短针；用引拔针连接第一个短针。（84短针）C线断线，固定，藏线头。

钩针：3.50mm

线：细线

A线：N75

B线：N03

C线：N26

（线号对应的颜色请参考第5页）

完成尺寸：12cm

三长针枣形针：绕线，钩针插入指定的针目或空间，拉出线圈，绕线，将钩针拉过钩针上的2个线圈，［绕线，将钩针插入同一针目或空间，拉出线圈，绕线，将钩针拉过钩针上的2个线圈］重复2次，（现在钩针上有4个线圈），绕线，将钩针同时拉过4个线圈。

要点：一圈中的首个枣形针，与一圈中的其他枣形针起针方式不同。首个枣形针针法包含在图案钩编说明中。一圈中的其他枣形针，参照上述说明。

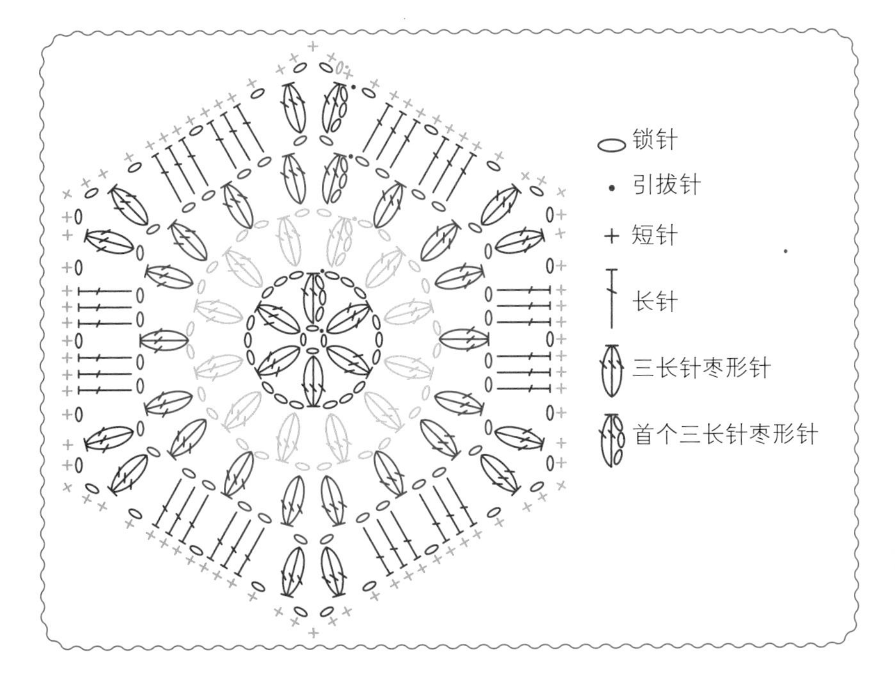

图案16

钩针：3.50mm

线：细线
A线：N43
B线：N22
（线号对应的颜色请参考第5页）

完成尺寸：12cm

三长针枣形针：绕线，钩针插入指定的针目或空间，拉出线圈，绕线，将钩针拉过钩针上的2个线圈，［绕线，将钩针插入同一针目或空间，拉出线圈，绕线，将钩针拉过钩针上的2个线圈］重复2次，（现在钩针上有4个线圈），绕线，将钩针同时拉过4个线圈。

要点：一圈中的首个枣形针，与一圈中的其他枣形针起针方式不同。首个枣形针针法包含在图案钩编说明中。一圈中的其他枣形针，参照上述说明。

加入短针：钩针上打活结，将钩针插入指定的针目或空间，拉出线圈（现在钩针上有2个线圈），绕线，将钩针同时拉过这2个线圈。（第一个短针完成）

图案钩编说明

基础圈：使用A线，起4锁针；用引拔针连接成环。

第1圈：（正面）3锁针（算作1长针，后面也是如此），［绕线，将钩针插入锁针环中，拉出线圈，绕线，将钩针拉过钩针上的2个线圈］2次（钩针上有3个线圈），绕线并将钩针拉过所有3个线圈（首个三长针枣形针完成），3锁针，［锁针环中钩1个三长针枣形针，3锁针］5次；用引拔针连接开始3锁针的第3针。（6个枣形针，6个3锁针空间）

第2圈：3锁针，［绕线，钩针插入引拔针的同一针目内，拉出线圈，绕线，将钩针拉过钩针上的2个线圈］2次（钩针上有3个线圈），绕线并将钩针拉过所有3个线圈（首个三长针枣形针完成），2锁针，在下个3锁针空间中钩1个三长针枣形针，2锁针，★在下个枣形针上钩1个三长针枣形针，2锁针，在下个3锁针空间中钩1个三长针枣形针，2锁针；从★开始重复钩完整圈；用引拔针连接开始3锁针的第3针。（12个枣形针，12个2锁针空间）

第3圈：钩首个三长针枣形针，2锁针，［在下个2锁针空间内钩1长针，2锁针］2次，★在下个枣形针上钩1个三长针枣形针，2锁针，［在下个2锁针空间内钩1长针，2锁针］2次；从★开始重复钩完整圈；用引拔针连接开始3锁针的第3针。（6个枣形针，12长针，18个2锁针空间）

第4圈：3锁针，［绕线，钩针插入连接的同一针目内，拉出线圈，绕线，将钩针拉过钩针上的2个线圈］2次（钩针上有3个线圈），绕线并将钩针拉过所有3个线圈（首个三长针枣形针完成），2锁针，在下个2锁针空间内钩1长针，2锁针，在下个2锁针空间内钩1个三长针枣形针，2锁针，在下个2锁针空间内钩1长针，2锁针，★在下个枣形针上钩1个三长针枣形针，2锁针，在下个2锁针空间内钩1长针，2锁针，在下个2锁针空间内钩1个三长针枣形针，2锁针，在下个2锁针空间内钩1长针，2锁针；从★开始重复钩完整圈；用引拔针连接开始3锁针的第3针。（12个枣形针，12长针，24个2锁针空间）A线断线，固定，藏线头。

第5圈：正面朝上，用短针将B线接入任意2锁针空间，在同一空间内钩2短针，［下个2锁针空间中钩3短针］钩完整圈；用引拔针连接第一个短针。（72短针）

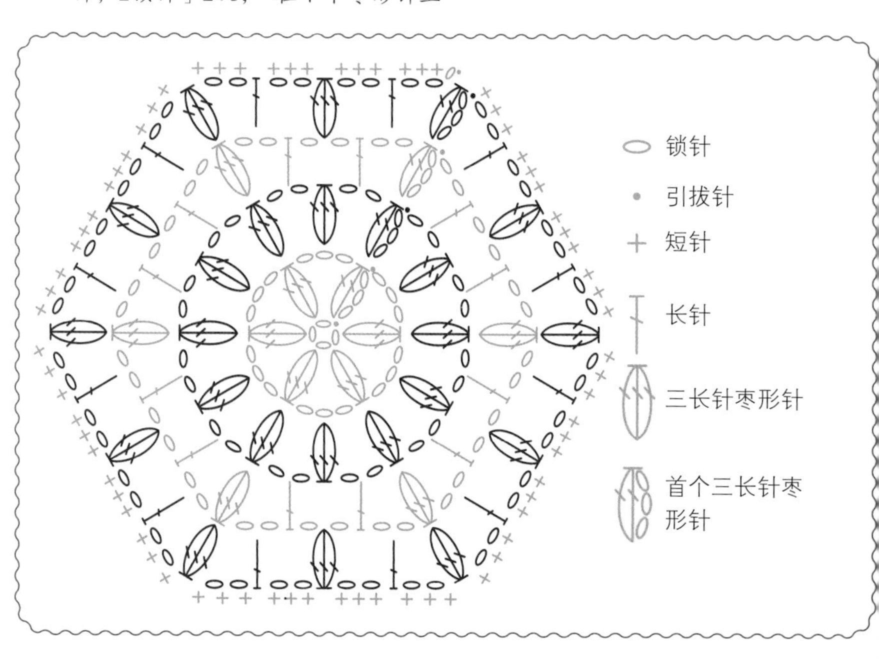

图案17

图案钩编说明

基础圈：使用A线，起4锁针；用引拔针连接成环。

第1圈：（正面）3锁针（算作1长针，后面也是如此），绕线，将钩针插入锁针环中，拉出线圈，绕线，将钩针拉过钩针上的2个线圈（钩针上有2个线圈），绕线并将其同时拉过2个线圈（首个两长针枣形针完成），3锁针，在锁针环中钩1个两长针枣形针，1锁针，*在锁针环中钩1个两长针枣形针，3锁针，在锁针环中钩1个两长针枣形针，1锁针；从*开始再重复2次；用引拔针连接开始3锁针的第3针。（8个枣形针，4个3锁针空间，4个1锁针空间）

第2圈：在第一个3锁针空间中钩引拔针，3锁针，［绕线，将钩针插入同一空间中，拉出线圈，绕线，将钩针拉过钩针上的2个线圈］2次（钩针上有3个线圈），绕线并将其同时拉过3个线圈（首个三长针枣形针完成），3锁针，在同一空间中钩1个三长针枣形针，1锁针，在下个1锁针空间内钩2长针，1锁针，*在下个3锁针空间内钩（1个三长针枣形针，3锁针，1个三长针枣形针），1锁针，在下个1锁针空间内钩2长针，1锁针；从*开始重复钩完整圈；用引拔针连接开始3锁针的第3针。（8个枣形针，8长针，8个1锁针空间，4个3锁针空间）

第3圈：在第一个3锁针空间中钩引拔针，钩首个三长针枣形针，3锁针，在同一空间中钩1个三长针枣形针，1锁针，［在下个1锁针空间内钩2长针，1锁针］2次，*在下个3锁针空间内钩（1个三长针枣形针，3锁针，1个三长针枣形针），1锁针，［在下个1锁针空间内钩2长针，1锁针］2次；从*开始重复钩完整圈；用引拔针连接开始3锁针的第3针。（8个枣形针，16长针，12个1锁针空间，4个3锁针空间）

第4圈：在第一个3锁针空间中钩引拔针，3锁针，钩首个三长针枣形针，3锁针，在同一空间中钩1个三长针枣形针，1锁针，［在下个1锁针空间内钩2长针，1锁针］3次，*在下个3锁针空间内钩（1个三长针枣形针，3锁针，1个三长针枣形针），1锁针，［在下个1锁针空间内钩2长针，1锁针］3次；从*开始重复钩完整圈；用引拔针连接开始3锁针的第3针。（8个枣形针，24长针，16个1锁针空间，4个3锁针空间）断线，固定，藏线头。

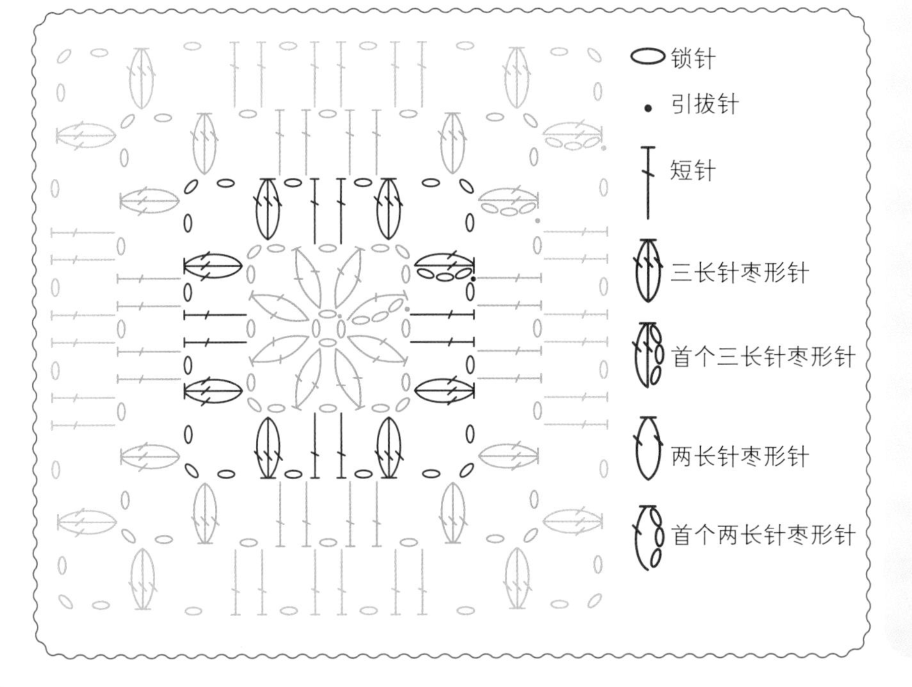

钩针：3.50mm

线：细线
A线:N16
（线号对应的颜色请参考第5页）

完成尺寸：10cm

两长针枣形针：在钩针上绕线，将钩针插入指定的针目或空间，拉出线圈，钩针上绕线，将钩针拉过钩针上的2个线圈，绕线，将钩针插入同一针目或空间，拉出线圈，绕线，将钩针拉过钩针上的2个线圈（现在钩针上有3个线圈），绕线并将钩针拉过所有3个线圈。

三长针枣形针：绕线，钩针插入指定的针目或空间，拉出线圈，绕线，将钩针拉过钩针上的2个线圈，［绕线，将钩针插入同一针目或空间，拉出线圈，绕线，将钩针拉过钩针上的2个线圈］重复2次，（现在钩针上有4个线圈），绕线，将钩针同时拉过4个线圈。

要点：一圈中的首个枣形针，与一圈中的其他枣形针起针方式不同。首个枣形针针法包含在图案钩编说明中。一圈中的其他枣形针，参照上述说明。

图案18

图案钩编说明

基础圈：使用A线，起4锁针；用引拔针连接成环。

第1圈：（正面）3锁针（算作1长针，后面也是如此），在锁针环中钩2长针，将钩针抽出，将钩针从前到后插入用引拔针连接开始3锁针的第3针，将之前褪掉的1个线圈拉出（首个爆米花针完成），1锁针，在锁针环中钩1长针，1锁针，在锁针环中钩1个爆米花针，3锁针，★在锁针环中钩1个爆米花针，1锁针，在锁针环中钩1长针，1锁针，在锁针环中钩1个爆米花针，3锁针；从★开始重复钩完整圈；用引拔针连接开始3锁针的第3针。（8个爆米花针，4长针，8个1锁针空间，4个3锁针空间）

第2圈：在下个1锁针空间中钩引拔针，6锁针（算作1长针和3锁针），在下一长针上钩1短针，3锁针，下个1锁针空间中钩1长针，2锁针，下个3锁针空间中钩（1个爆米花针，3锁针，1个爆米花针），2锁针，★下个1锁针空间中钩1长针，3锁针，在下一长针上钩1短针，3锁针，下个1锁针空间中钩1长针，2锁针，下个3锁针空间中钩（1个爆米花针，3锁针，1个爆米花针），2锁针；从★开始重复钩完整圈；用引拔针连接开始3锁针的第3针。（8个爆米花针，8长针，4短针，8个2锁针空间，12个3锁针空间）

第3圈：在下个3锁针空间（短针之前的）中钩引拔针，5锁针（算作1长针和2锁针），下个3锁针空间（短针之后的）中钩1长针，2锁针，下个2锁针空间中钩1长针，2锁针，下个3锁针空间中钩（1个爆米花针，3锁针，1个爆米花针），2锁针，★下个2锁针空间中钩1长针，2锁针，［下个3锁针空间中钩1长针和2锁针］2次，下个2锁针空间中钩1长针，2锁针，下个3锁针空间中钩（1个爆米花针，3锁针，1个爆米花针），2锁针；从★开始重复钩完整圈；用引拔针连接开始3锁针的第3针。（8个爆米花针，16长针，20个2锁针空间，4个3锁针空间）断线，固定，藏线头。

钩针：3.50mm

线：细线

A线：N86

（线号对应的颜色请参考第5页）

完成尺寸：10cm

爆米花针：在同一指定的针目或空间内钩3长针，将钩针抽出，再将钩针从前到后插入第一个长针中，将之前褪掉的线圈拉出。

要点：一圈中的首个爆米花针，与一圈中的其他爆米花针起针方式不同。首个爆米花针针法包含在图案钩编说明中。一圈中的其他爆米花针，参照上述说明。

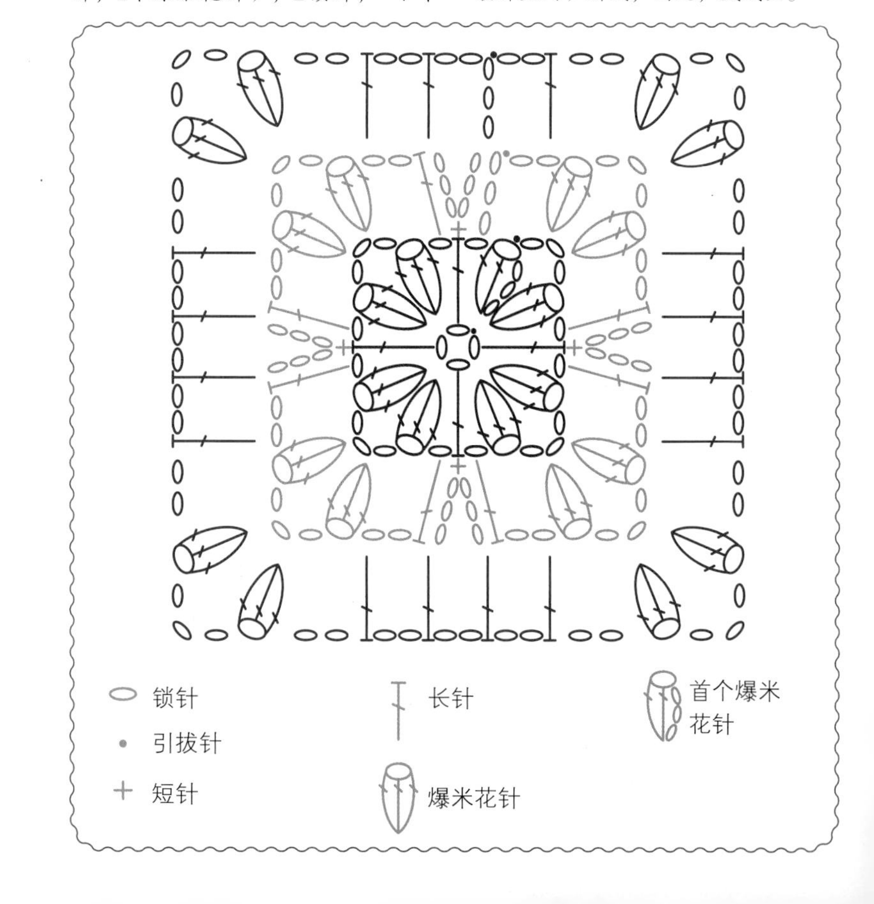

图案19

图案钩编说明

基础圈：使用A线，起4锁针；用引拔针连接成环。

第1圈：（正面）1锁针（不算作第一针），锁针环中钩8短针；用引拔针连接第一个短针。（8短针）

第2圈：★9锁针，在接下来的2短针中各钩1针引拔针；从★开始重复钩完整圈（最后引拔针在开始9锁针的底部针目上）。（4个9锁针链）

第3圈：在9锁针链的底部钩引拔针，3锁针（算作1长针，后面也是如此），在同一个9锁针链上钩（15长针，引拔针），★在下个9锁针链上钩（引拔针，3锁针，15长针，引拔针）；从★开始重复钩完整圈；用引拔针连接第一个引拔针。（4个花瓣，每个含16长针）

第4圈：6锁针（算作1长针和3锁针），跳过接下来的3长针，在下个（第4个）长针上钩1短针，3锁针，跳过接下来的3长针，在接下来的（第8个）长针上钩（1长针，3锁针，1长针），3锁针，跳过接下来的3长针，在接下来的（第12个）长针上钩1短针，3锁针，★在花瓣间钩1长针，3锁针，跳过接下来的3长针，在接下来的一长针上钩1短针，3锁针，跳过接下来的3长针，在接下来的一长针上钩（1长针，3锁针，1长针），3锁针，跳过接下来的3长针，在接下来的一长针上钩1短针，3锁针；从★开始重复钩完整圈；用引拔针连接开始的锁针的第3针。断线，固定，藏线头。

钩针：3.50mm

线：细线
A线：N87
（线号对应的颜色请参考第5页）

完成尺寸：9cm

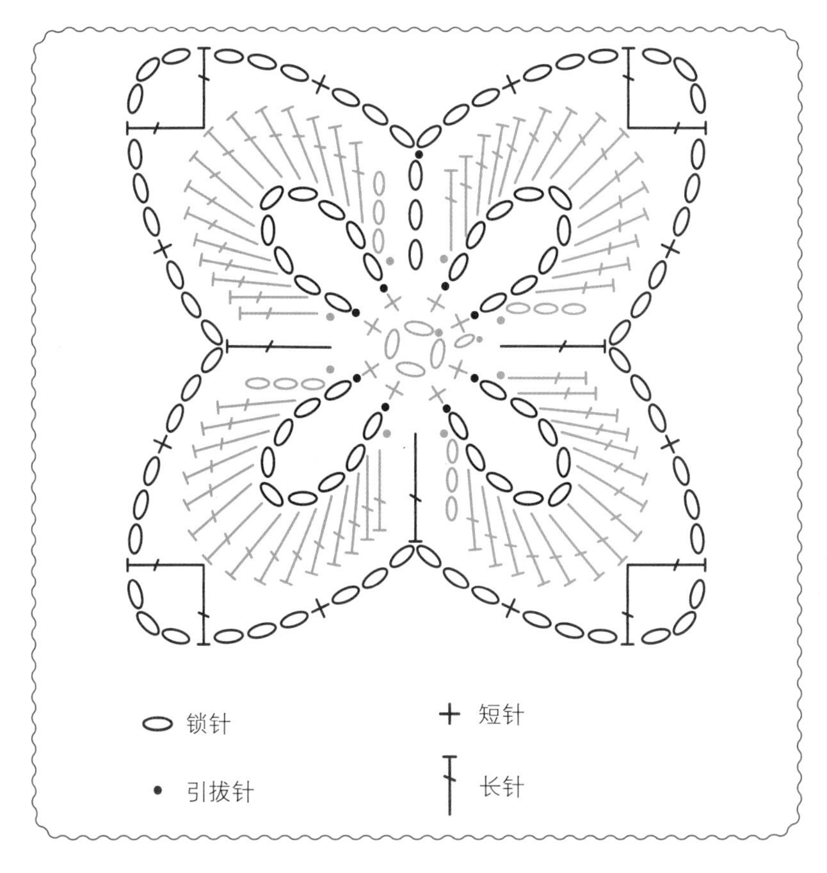

图案20

图案钩编说明

基础圈：使用A线，起4锁针；用引拔针连接成环。

第1圈：（正面）1锁针（不算作第一针），在锁针环中钩8短针；用引拔针连接第一个短针。（8短针）A线断线，固定，藏线头。

第2圈：正面朝上，将B线用引拔针接入任意短针，［5锁针，接下来2短针上各钩引拔针］钩完整圈（最后用引拔针连接开始5锁针的底部）。（4个5锁针链）

第3圈：★下个5锁针上钩（引拔针，1锁针，7长针，引拔针），2锁针链之间钩1短针；从★开始重复钩完整圈；用引拔针连接第一个锁针。（4个花瓣）B线断线，固定，藏线头。

第4圈：正面朝上，将A线用引拔针接入任意短针，6锁针（算作1长针和3锁针），跳过接下来2长针，在下个（第3个）长针上钩1短针，2锁针，在下一长针上钩1短针，3锁针，★跳过接下来3长针，在下一短针上钩1长针，3锁针，跳过接下来2长针，在下一长针上钩1短针，2锁针，在下一长针上钩1短针，3锁针；从★开始重复钩完整圈；用引拔针连接开始3锁针的第3针。（4长针，8短针，4个2锁针空间，8个3锁针空间）

第5圈：1锁针，★在下个3锁针空间内钩3短针，在下个2锁针空间内钩（1短针，1锁针，1短针），下个3锁针空间内钩3短针；从★开始重复钩完整圈；用引拔针连接第一个短针。（32短针，4个1锁针空间）A线断线，固定，藏线头。

钩针：5.00mm

线：粗线
A线：10
B线：71
（线号对应的颜色请参考第5页）

完成尺寸：12cm

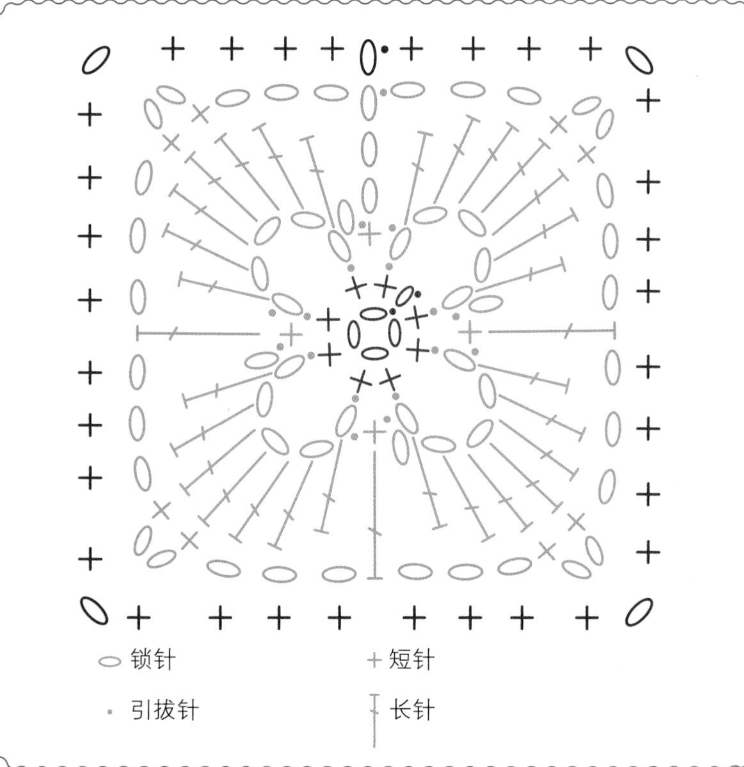

图案21

图案钩编说明

基础圈：使用A线，起4锁针；用引拔针连接成环。

第1圈：（正面）1锁针（不算作第一针），在锁针环中钩12短针；用引拔针连接第一个短针。（12短针）A线断线，固定，藏线头。

第2圈：正面朝上，将B线用引拔针接入任意短针，4锁针（作为第一个长长针），在同一个针目中钩1长长针，［下一短针中钩2长长针］钩完整圈；用引拔针连接第一个长长针（开始4锁针的第4针）。（24长长针）B线断线，固定，藏线头。

第3圈：正面朝上，将C线用引拔针接入任意2个长长针中间的空间处，3锁针（算作1长针，后面也是如此）［绕线，将钩针插入接线的同一针目中，拉出线圈，绕线，将钩针拉过钩针上的2个线圈］2次（钩针上有3个线圈），绕线并将钩针拉过钩针上所有3个线圈（首个三长针枣形针完成），3锁针，*在下个2个长长针组中间的空间处钩1个三长针枣形针，3锁针；从*开始重复钩完整圈；用引拔针连接开始3锁针的第3针。（12个枣形针，12个3锁针空间）C线断线，固定，藏线头。

第4圈：正面朝上，将D线用引拔针接入任意3锁针空间中，3锁针，在同一空间中钩（1长针，1锁针，2长针），在接下来的2个3锁针空间中各钩3个中长针，*在下个3锁针空间中钩（2长针，1锁针，2长针），在接下来的2个3锁针空间中各钩3个中长针；从*开始重复钩完整圈；用引拔针连接开始3锁针的第3针。（16长针，24中长针，4个1锁针空间）D线断线，固定，藏线头。

钩针：3.50mm

线：细线
A线：N75
B线：N79
C线：N06
D线：N76
（线号对应的颜色请参考第5页）

完成尺寸：9cm

三长针枣形针：绕线，钩针插入指定的针目或空间，拉出线圈，绕线，将钩针拉过钩针上的2个线圈，［绕线，将钩针插入同一针目或空间，拉出线圈，绕线，将钩针拉过钩针上的2个线圈］重复2次，（现在钩针上有4个线圈），绕线，将钩针同时拉过4个线圈。

要点：一圈中的首个枣形针，与一圈中的其他枣形针起针方式不同。首个枣形针针法包含在图案钩编说明中。一圈中的其他枣形针，参照上述说明。

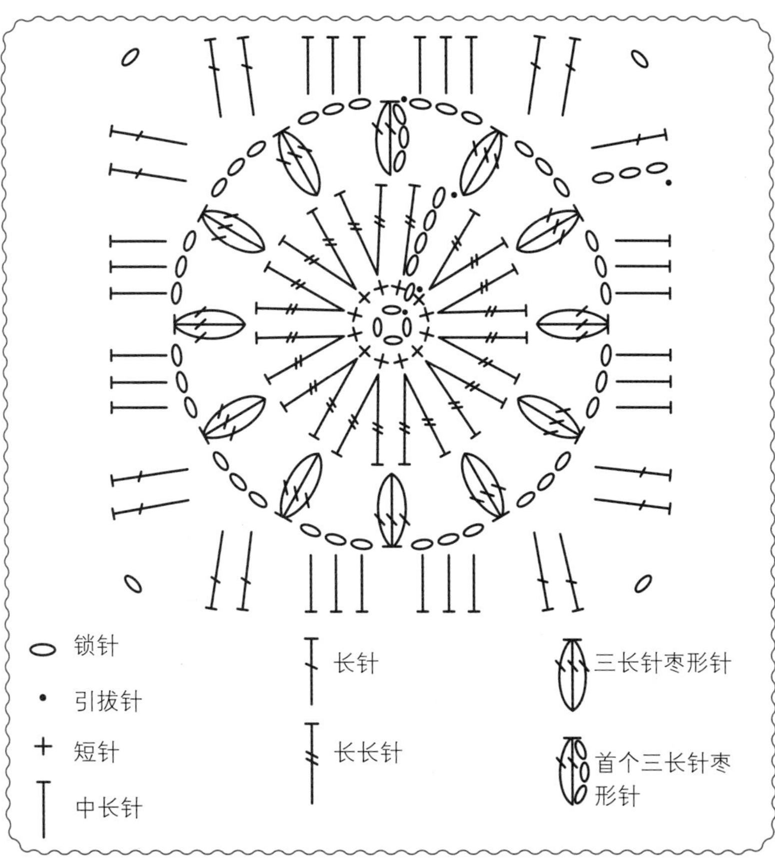

图案22

图案钩编说明

基础圈：使用A线，起4锁针；用引拔针连接成环。

第1圈：（正面）1锁针（不算作第一针），在锁针环中钩8短针；用引拔针连接第一个短针。（8短针）

第2圈：9锁针（作为第一个长长针，5锁针），在下一短针上钩1个三长长针枣形针，5锁针，★在下一短针上钩1长长针，5锁针，在下一短针上钩1个三长长针枣形针，5锁针；从★开始重复钩完整圈；用引拔针连接第一个长长针（开始9锁针的第4针）。（4个枣形针，4个长长针，8个5锁针链）

第3圈：7锁针（算作1长长针和3锁针），在接线的同一个针目中钩1长长针，5锁针，在下个5锁针上钩1短针，5锁针，在下个枣形针上钩1短针，5锁针，在下个5锁针上钩1短针，5锁针，★在下个长长针上钩（1长长针，3锁针，1长长针），5锁针，在下个5锁针上钩1短针，5锁针，在下个枣形针上钩1短针，5锁针，在下个5锁针上钩1短针，5锁针；从★开始重复钩完整圈；用引拔针连接开始7锁针的第4针。（8长长针，12短针，16个5锁针链，4个3锁针空间）断线，固定，藏线头。

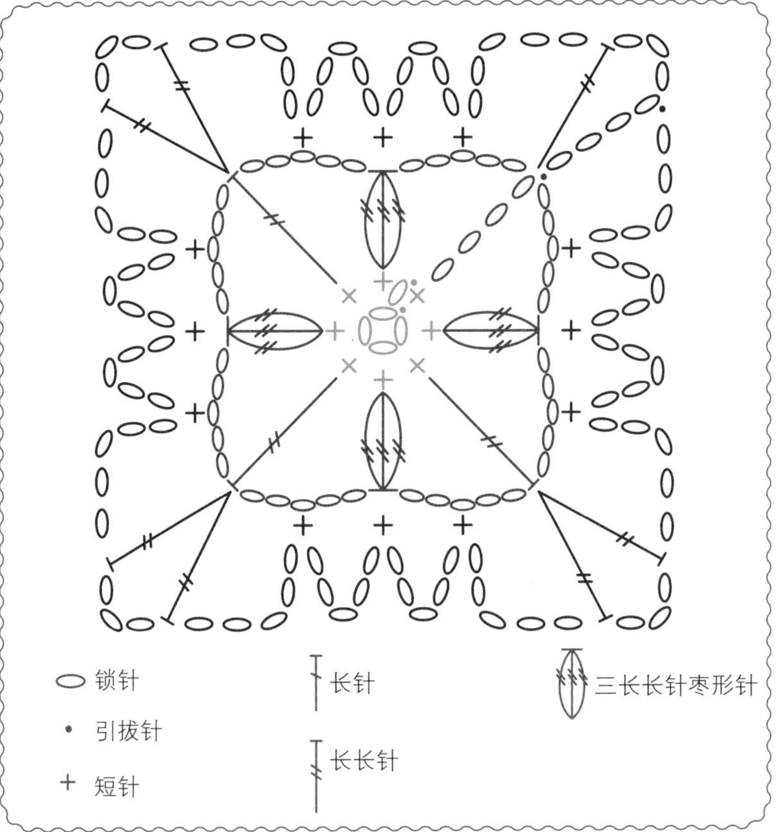

钩针：3.50mm

线：细线
A线：N47

完成尺寸：9cm

三长长针枣形针：在钩针上绕线2圈，将钩针插入指定的针目或空间，拉出线圈（现在钩针上有4个线圈），［绕线，将钩针拉过钩针上的2个线圈］2次（现在钩针上有2个线圈），★在钩针上绕线2次，将钩针插入同一针目或空间，拉出线圈，［绕线，将钩针拉过钩针上的2个线圈］2次，从★开始再重复1次（现在钩针上有4个线圈），绕线并将钩针同时拉过钩针上的4个线圈。

图案23

钩针：3.50mm

线：细线
A线：N05
（线号对应的颜色请参考第5页）

完成尺寸：9cm

三长针枣形针：绕线，钩针插入指定的针目或空间，拉出线圈，绕线，将钩针拉过钩针上的2个线圈，［绕线，将钩针插入同一针目或空间，拉出线圈，绕线，将钩针拉过钩针上的2个线圈］重复2次，（现在钩针上有4个线圈），绕线，将钩针同时拉过4个线圈。

三长长针玉米针：绕线2圈，将钩针插入指定的针目或空间，拉出线圈（钩针上有4个线圈），［绕线，将钩针拉过钩针上的2个线圈］2次（钩针上有2个线圈），★绕线2圈，将钩针插入下个针目或空间，拉出线圈，［绕线，将钩针拉过钩针上的2个线圈］2次，从★开始再重复1次（钩针上有4个线圈），绕线，将钩针拉过钩针上的所有4个线圈。

要点：一圈中的首个枣形针或玉米针，与一圈中的其他枣形针或玉米针起针方式不同。首个枣形针或玉米针针法包含在图案钩编说明中。一圈中的其他枣形针或玉米针，参照上述说明。

图案钩编说明

基础圈：使用A线，起6锁针；用引拔针连接成环。

第1圈：（正面）1锁针（不算作第一针），在锁针环中钩18短针；用引拔针连接第一个短针。（18短针）

第2圈：4锁针（作为第一个长长针），★绕线2圈，将钩针插入下个针目，拉出线圈，［绕线，将钩针拉过钩针上的2个线圈］2次，从★开始再重复1次（钩针上有3个线圈），绕线，并将钩针拉过钩针上的所有3个线圈（首个三长长针玉米针完成），5锁针，★三长长针玉米针（在接下来的3短针上），5锁针；从★开始重复钩完整圈；用引拔针连接第一个长长针（开始4锁针的第4针）。（6个玉米针，6个5锁针）

第3圈：3锁针（算作1长针），［绕线，将钩针插入同一针目，拉出线圈，绕线，将钩针拉过钩针上的2个线圈］2次（钩针上有3个线圈），绕线并将钩针拉过钩针上所有3个线圈（首个三长针枣形针完成），3锁针，在同一个针目中钩1个三长针枣形针，1锁针，在下个5锁针链上钩3长针，1锁针，★在下个玉米针上钩（1个三长针枣形针，3锁针，1个三长针枣形针），1锁针，在下个5锁针链上钩3长针，1锁针；从★开始重复钩完整圈；用引拔针连接开始3锁针的第3针。（12个枣形针，18长针，12个1锁针空间，6个3锁针空间）断线，固定，藏线头。

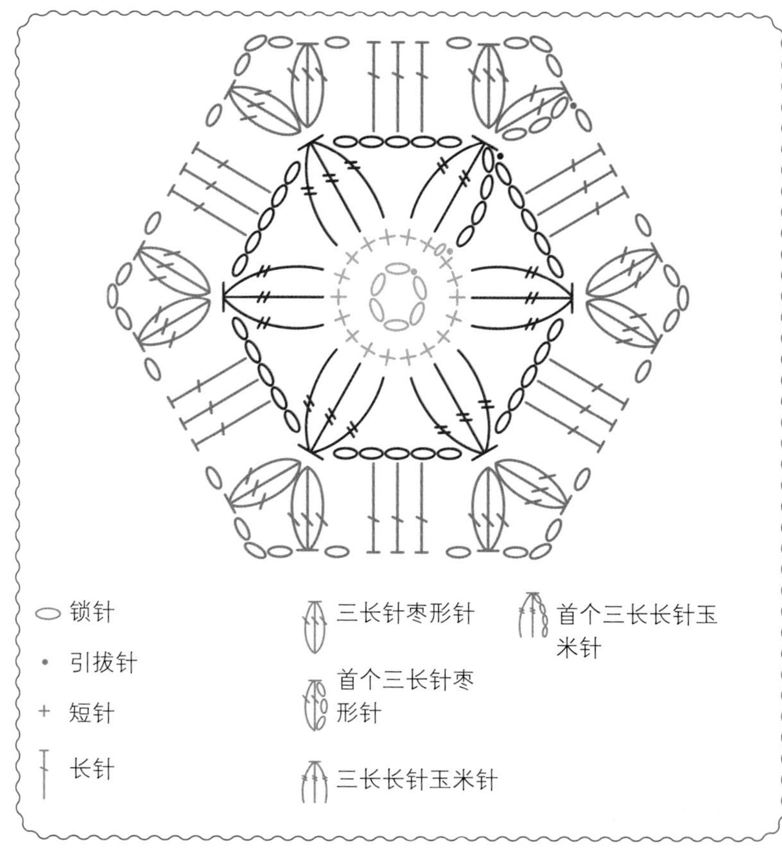

图案24

图案钩编说明

基础圈： 使用A线，起4锁针；用引拔针连接成环。

第1圈：（正面）1锁针（不算作第一针），在锁针环中钩12短针；用引拔针连接第一个短针。（12短针）

第2圈： 4锁针（作为第一个长长针），★绕线2圈，将钩针插入接线的同一针目，拉出线圈，［绕线，将钩针拉过钩针上的2个线圈］2次，从★开始再重复1次（钩针上3个线圈），绕线，并将钩针拉过钩针上的所有3个线圈（首个三长长针枣形针完成），5锁针，［在接下来的短针上钩1个三长长针枣形针，5锁针］重复钩完整圈；用引拔针连接第一个长长针（开始4锁针的第4针）。（12个枣形针，12个5锁针）

A线断线，固定，藏线头。

第3圈： 正面朝上，将B线用引拔针接入任意5锁针链，6锁针（算作1长针和3锁针），在同一锁针链上钩1长针，5锁针，［在下一锁针链上钩1短针，5锁针］2次，★在下个5锁针链上钩（1长针，3锁针，1长针），5锁针，［在下一锁针链上钩1短针，5锁针］2次；从★开始重复钩完整圈；用引拔针连接开始6锁针的第3针。（8长针，4个3锁针空间，8短针，12个5锁针链）断线，固定，藏线头。

钩针： 3.50mm

线： 细线

A线：N16

B线：N46

（线号对应的颜色请参考第5页）

完成尺寸： 9cm

三长长针枣形针： 在钩针上绕线2圈，将钩针插入指定的针目或空间，拉出线圈（现在钩针上有4个线圈），［绕线，将钩针拉过钩针上的2个线圈］2次（现在钩针上有2个线圈），★在钩针上绕线2次，将钩针插入同一针目或空间，拉出线圈，［绕线，将钩针拉过钩针上的2个线圈］2次，从★开始再重复1次（现在钩针上有4个线圈），绕线并将钩针同时拉过钩针上的4个线圈。

要点： 一圈中的首个枣形针，与一圈中的其他枣形针起针方式不同。首个枣形针针法包含在图案钩编说明中。一圈中的其他枣形针，参照上述说明。

锁针

长针

首个三长长针枣形针

引拔针

三长长针枣形针

短针

图案25

图案钩编说明

基础圈：使用A线，起4锁针；用引拔针连接成环。

第1圈：（正面）1锁针（不算作第一针），在锁针环中钩8短针；用引拔针连接第一个短针。（8短针）A线断线，固定，藏线头。

第2圈：正面朝上，将B线用引拔针接入任意短针，5锁针（算作1长针和2锁针），［下一短针上钩1长针和2锁针］钩完整圈；用引拔针连接开始5锁针的第3针。（8长针，8个2锁针空间）B线断线，固定，藏线头。

第3圈：正面朝上，将C线用引拔针接入任意2锁针空间，4锁针（作为第一个长长针），在同一空间内钩2个长长针，3锁针，在下个2锁针空间内钩3个长长针，5锁针，★在下个2锁针空间内钩3个长长针，3锁针，在下个2锁针空间内钩3个长长针，5锁针；从★开始重复钩完整圈；用引拔针连接第一个长长针（开始4锁针的第4针）。（24个长长针，4个3锁针空间，4个5锁针链）C线断线，固定，藏线头。

第4圈：正面朝上，将D线用引拔针接入任意5锁针链，3锁针（算作1长针），在同一锁针链上钩（1长针，3锁针，2长针），3锁针，在下个3锁针空间内钩3长针，3锁针，★在下个5锁针链上钩（2长针，3锁针，2长针），3锁针，在下个3锁针空间内钩3长针，3锁针；从★开始重复钩完整圈；用引拔针连接开始3锁针的第3针。（28长针，12个3锁针空间）D线断线，固定，藏线头。

钩针：3.50mm

线：细线
A线：N85
B线：N30
C线：N05
D线：N75
（线号对应的颜色请参考第5页）

完成尺寸：9cm

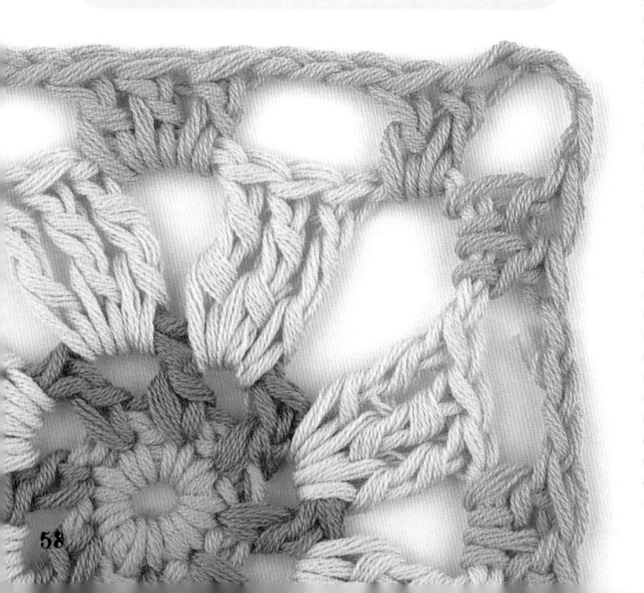

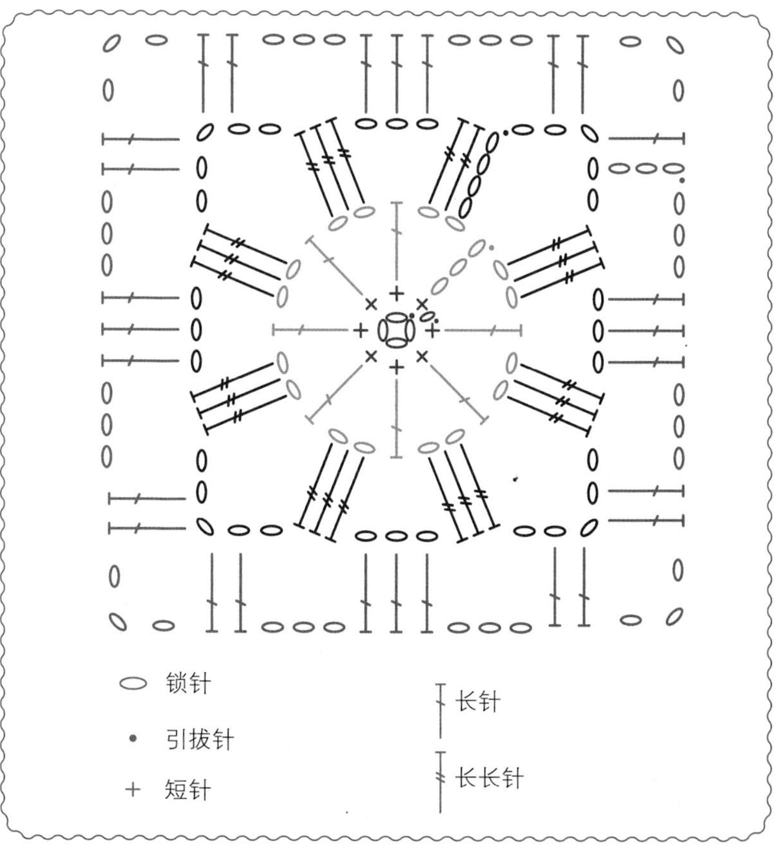

图案26

图案钩编说明

基础圈：使用A线，起6锁针；用引拔针连接成环。

第1圈：（正面）1锁针（不算作第一针），在锁针环中钩18短针；用引拔针连接第一个短针。（18短针）A线断线，固定，藏线头。

第2圈：正面朝上，将B线用引拔针接入任意短针，4锁针（作为第一个长长针），★绕线2圈，将钩针插入下一针目，拉出线圈，［绕线，将钩针拉过钩针上的2个线圈］2次，从★开始再重复1次（钩针上有3个线圈），绕线，将钩针拉过钩针上的所有3个线圈（首个三长长针玉米针完成），5锁针，★1个三长长针玉米针（在接下来3短针上），5锁针；从★开始重复钩完整圈；用引拔针连接第一个长长针（开始4锁针的第4针）。（6个玉米针，6个5锁针链）B线断线，固定，藏线头。

第3圈：正面朝上，将C线用引拔针接入任意5锁针链，1锁针，在同一锁针链上钩1短针，7锁针，在下个5锁针链上钩（1长针，3锁针，1长针），7锁针，★在下个5锁针链上钩1短针，7锁针，在下个5锁针链上钩（1长针，3锁针，1长针），7锁针；从★开始重复钩完整圈；用引拔针连接第一个短针。（3短针，6个7锁针链，6长针，3个3锁针空间）C线断线，固定，藏线头。

第4圈：正面朝上，将D线用引拔针接入任意3锁针空间，3锁针（算作1长针），［绕线，将钩针插入锁针链的空间，拉出线圈，绕线，将钩针拉过钩针上的2个线圈］2次（钩针上有3个线圈），绕线并将其拉过钩针上的所有3个线圈（首个三长针枣形针完成），4锁针，在同一空间内钩（1个三长长针枣形针，4锁针，1个三长针枣形针），5锁针，在下个7锁针链上钩1短针，5锁针，在下一短针上钩（1长针，3锁针，1长针），5锁针，在下个7锁针链上钩1短针，5锁针，★在下个3锁针空间内钩（1个三长针枣形针，4锁针，1个三长长针枣形针，4锁针，1个三长针枣形针），5锁针，在下个7锁针链上钩1短针，5锁针，在下一短针上钩（1长针，3锁针，1长针），5锁针，在下个7锁针链上钩1短针，5锁针；从★开始重复钩完整圈；用引拔针连接开始3锁针的第3针。（9个枣形针，6长针，6短针，3个3锁针空间，6个4锁针链，12个5锁针链）D线断线，固定，藏线头。

- ⬭ 锁针
- • 引拔针
- + 短针
- 长针
- 三长针枣形针
- 首个三长针枣形针
- 三长长针玉米针
- 首个三长长针玉米针
- 三长长针枣形针

钩针：3.50mm

线：细线
A线：N06
B线：N87
C线：N79
D线：N03
（线号对应的颜色请参考第5页）

完成尺寸：12cm

三长长针玉米针：绕线2圈，将钩针插入指定的针目或空间，拉出线圈（钩针上有4个线圈），［绕线，将钩针拉过钩针上的2个线圈］2次（钩针上有2个线圈），★绕线2圈，将钩针插入下个针目或空间，拉出线圈，［绕线，将钩针拉过钩针上的2个线圈］2次，从★开始再重复1次（钩针上有4个线圈），绕线，将钩针拉过钩针上的所有4个线圈。

三长针枣形针：绕线，钩针插入指定的针目或空间，拉出线圈，绕线，将钩针拉过钩针上的2个线圈，［绕线，将钩针插入同一针目或空间，拉出线圈，绕线，将钩针拉过钩针上的2个线圈］重复2次，（现在钩针上有4个线圈），绕线，将钩针同时拉过4个线圈。

三长长针枣形针：在钩针上绕线2圈，将钩针插入指定的针目或空间，拉出线圈（现在钩针上有4个线圈），［绕线，将钩针拉过钩针上的2个线圈］2次（现在钩针上有2个线圈），★在钩针上绕线2次，将钩针插入同一针目或空间，拉出线圈，［绕线，将钩针拉过钩针上的2个线圈］2次，从★开始再重复1次（现在钩针上有4个线圈），绕线并将钩针同时拉过钩针上的4个线圈。

要点：一圈中的首个枣形针或玉米针，与一圈中的其他枣形针或玉米针起针方式不同。首个枣形针或玉米针针法包含在图案钩编说明中。一圈中的其他枣形针或玉米针，参照上述说明。

图案27

钩针：3.50mm

线：细线
A线：N09
（线号对应的颜色请参考第5页）

完成尺寸：9cm

泡泡针：在同一指定的针目或空间内，［绕线，插入钩针，拉出线圈（拉至长针高度）］3次，绕线，并将钩针一次拉过钩针上的所有7个线圈，1锁针固定。

图案钩编说明

基础圈：使用A线，起4锁针；用引拔针连接成环。

第1圈：（正面）1锁针（不算作第一针），在锁针环中钩12短针；用引拔针连接第一个短针。（12短针）

第2圈：3锁针（算作1长针，后面也是如此），在同一个针目中钩1个泡泡针，［2锁针，在下一短针上钩1个泡泡针］2次，5锁针，*在下一短针上钩1个泡泡针，［2锁针，在下一短针上钩1个泡泡针］2次，5锁针；从*开始重复钩完整圈；用引拔针连接第一个泡泡针。（12个泡泡针，8个2锁针空间，4个5锁针链）

第3圈：在第一个2锁针空间内钩引拔针，3锁针，同一空间内钩1个泡泡针，2锁针，在下个2锁针空间内钩1个泡泡针，1锁针，在下个5锁针链上钩（2长针，3锁针，2长针），1锁针，*在下个2锁针空间内钩1个泡泡针，2锁针，在下个2锁针空间内钩1个泡泡针，1锁针，在下个5锁针链上钩（2长针，3锁针，2长针），1锁针；从*开始重复钩完整圈；用引拔针连接第一个泡泡针。（8个泡泡针，16长针，4个2锁针空间，8个1锁针空间，4个3锁针空间）

第4圈：在下个2锁针空间内钩引拔针，3锁针，同一空间内钩1个泡泡针，1锁针，在下个1锁针空间内钩1长针，在下面2长针之间的空间内钩1长针，在下个3锁针空间内钩（2长针，3锁针，2长针），在下面2长针之间的空间内钩1长针，在下个1锁针空间内钩1长针，1锁针，*在下个2锁针空间内钩1个泡泡针，1锁针，在下个1锁针空间内钩1长针，在下面2长针之间的空间内钩1长针，在下个3锁针空间内钩（2长针，3锁针，2长针），在下面2长针之间的空间内钩1长针，在下个1锁针空间内钩1长针，1锁针；从*开始重复钩完整圈；用引拔针连接第一个泡泡针。（4个泡泡针，32长针，8个1锁针空间，4个3锁针空间）断线，固定，藏线头。

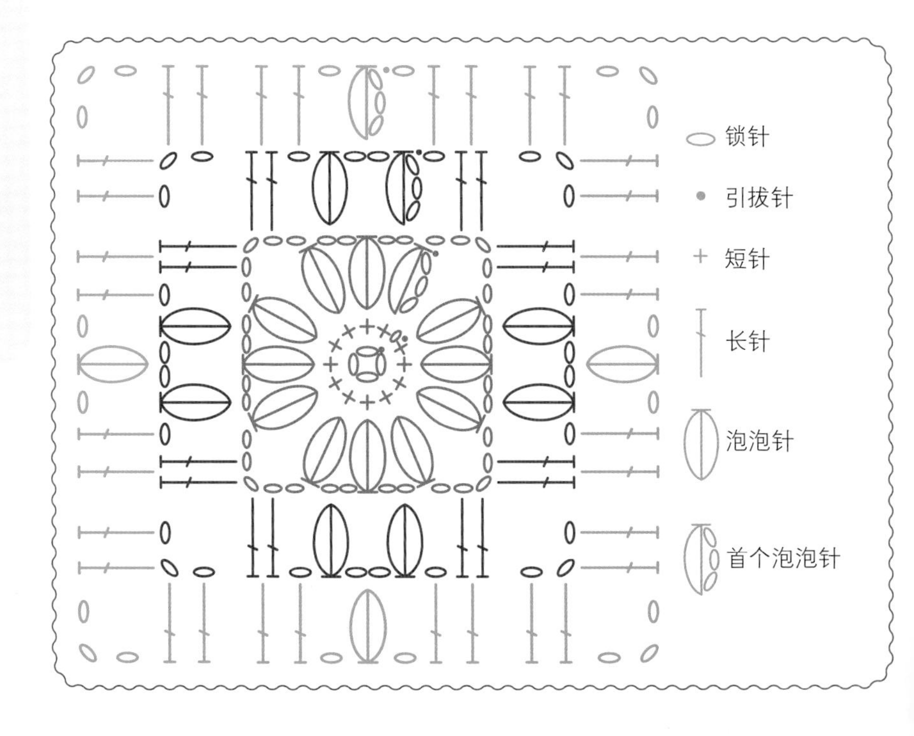

图案28

图案钩编说明

基础圈：使用A线，起4锁针；用引拔针连接成环。

第1圈：（正面）4锁针（作为第一个长长针），绕线2次，将钩针插入锁针环，拉出线圈，［绕线，将钩针拉过钩针上的2个线圈］2次（钩针上有2个线圈），绕线，并将钩针同时拉过2个线圈（首个两长长针枣形针完成），2锁针，［在锁针环中钩1个两长长针枣形针，2锁针］7次；用引拔针连接第一个长长针（开始4锁针的第4针）。（8个枣形针，8个2锁针空间）A线断线，固定，藏线头。

第2圈：正面朝上，用引拔针将B线接入任意2锁针空间，3锁针，在同一空间内钩（1个两长长针枣形针，5锁针，1个两长长针枣形针，3锁针，引拔针），★在下个2锁针空间内钩（引拔针，3锁针，1个两长长针枣形针，5锁针，1个两长长针枣形针，3锁针，引拔针）；从★开始重复钩完整圈；用引拔针连接第一个引拔针。（16个枣形针，16个3锁针空间，8个5锁针链）B线断线，固定，藏线头。

第3圈：正面朝上，用引拔针将C线接入任意枣形针，1锁针（不算作第一针），★在下个5锁针链上钩（1短针，1中长针，2长针，2锁针，2长针，1中长针，1短针）；从★开始重复钩完整圈；用引拔针连接第一个短针。（8个花瓣）C线断线，固定，藏线头。

钩针：3.50mm

线：细线
A线：N79
B线：N76
C线：N49
（线号对应的颜色请参考第5页）

完成尺寸：12cm

两长长针枣形针：绕线2次，将钩针插入指定的针目或空间，拉出线圈（钩针上4个线圈），［绕线，将钩针拉过钩针上的2个线圈］2次（钩针上有2个线圈），绕线2次，并将钩针插入同一针目或空间，拉出线圈，［绕线，将钩针拉过钩针上的2个线圈］2次（钩针上有3个线圈），绕线并将钩针一次拉过钩针上的所有3个线圈。

要点：一圈中的首个枣形针，与一圈中的其他枣形针起针方式不同。首个枣形针针法包含在图案钩编说明中。一圈中的其他枣形针，参照上述说明。

图案29

钩针： 3.50mm

线： 细线
A线：N06
B线：N25
C线：N23
D线：N02
（线号对应的颜色请参考第5页）

完成尺寸： 13cm

三长长针玉米针： 绕线2圈，将钩针插入指定的针目或空间，拉出线圈（钩针上有4个线圈），［绕线，将钩针拉过钩针上的2个线圈］2次（钩针上有2个线圈），★绕线2圈，将钩针插入下个针目或空间，拉出线圈，［绕线，将钩针拉过钩针上的2个线圈］2次，从★开始再重复1次（钩针上有4个线圈），绕线，将钩针拉过钩针上的所有4个线圈。

要点： 一圈中的首个玉米针，与一圈中的其他玉米针起针方式不同。首个玉米针针法包含在图案钩编说明中。一圈中的其他玉米针，参照上述说明。

图案钩编说明

基础圈： 使用A线，起6锁针；用引拔针连接成环。

第1圈：（正面）3锁针（算作1长针，后面也是如此），在锁针环中钩23长针；用引拔针连接开始3锁针的第3针。（24长针）A线断线，固定，藏线头。

第2圈： 正面朝上，用引拔针将B线接入任意长针，6锁针（算作1长针和3锁针），跳过下一长针，［在下一长针上钩1长针，3锁针，跳过下一长针］钩完整圈；用引拔针连接开始6锁针的第3针。（12长针，12个3锁针空间）B线断线，固定，藏线头。

第3圈： 正面朝上，用引拔针将C线接入同一针目，1锁针（不算作第一针），［在下个3锁针中钩3短针］钩完整圈；用引拔针连接第一个短针。（36短针）C线断线，固定，藏线头。

第4圈： 正面朝上，用引拔针将D线接入任意短针，4锁针（作为第一个长长针），★绕线2次，将钩针插入下一针目，拉出线圈，［绕线，将钩针拉过钩针上的2个线圈］2次；从★开始再重复1次（钩针上有3个线圈），绕线并一次拉过钩针上的所有3个线圈（首个三长长针玉米针完成），5锁针，★1个三长长针玉米针（在接下来的3短针上），5锁针；从★开始重复钩完整圈；用引拔针连接第一个长长针（开始4锁针的第4针）。（12个玉米针，12个5锁针链）

第5圈： 在下个5锁针链上钩引拔针，1锁针（不算作第一针），在同一锁针链上钩（3短针，3锁针，3短针），★在下个5锁针链上钩（3短针，3锁针，3短针）；从★开始重复钩完整圈；用引拔针连接第一个短针。（72短针，12个3锁针空间）D线断线，固定，藏线头。

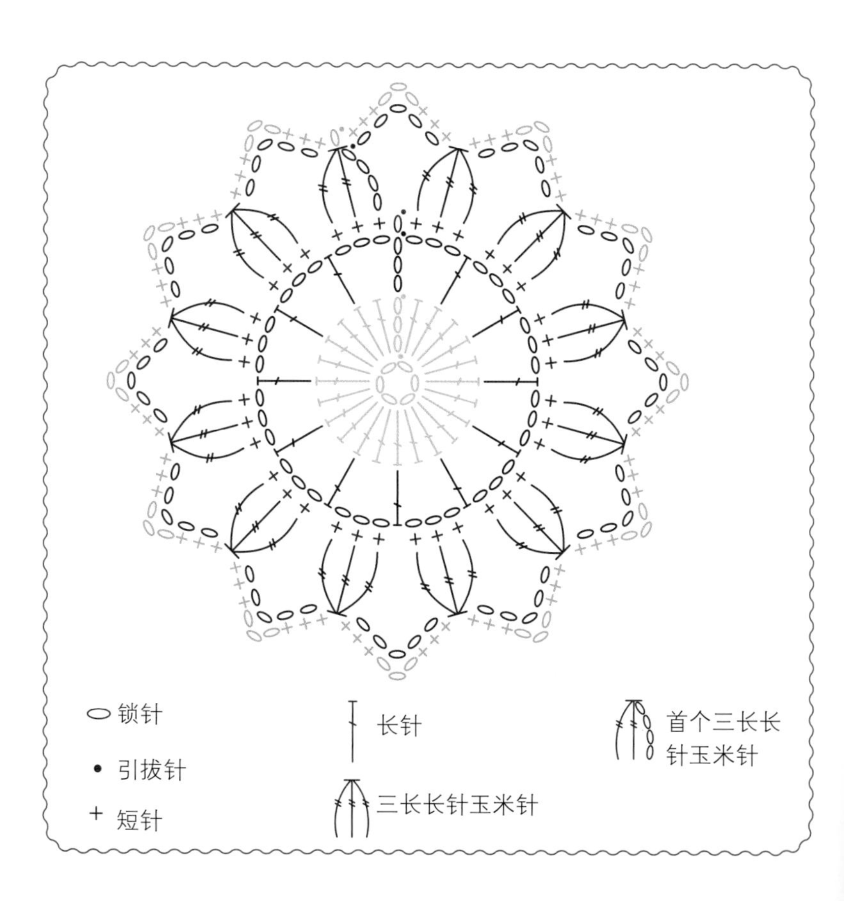

图案30

图案钩编说明

基础圈：使用A线，起4锁针；用引拔针连接成环。

第1圈：（正面）3锁针（算作1长针，后面也是如此），在锁针环中钩3长针，3锁针，［在锁针环中钩4长针，3锁针］3次；用引拔针连接开始3锁针的第3针。（16长针，4个3锁针链）

第2圈：8锁针（算作1长针和5锁针，后面也是如此），跳过后面2长针，在下一长针之前的空间内钩1短针，5锁针，跳过后面2长针，★在下个3锁针链上钩（2长针，3锁针，2长针），5锁针，在下个四长针组中间的空间内钩1短针，5锁针；从★开始再重复2次，在最后一个3锁针链上钩（2长针，3锁针，1长针）；用引拔针连接开始8锁针的第3针。（16长针，4短针，4个3锁针空间，8个5锁针）

第3圈：8锁针，［在下个5锁针链上钩1短针，5锁针］2次，★在下个3锁针空间中钩（2长针，3锁针，2长针），5锁针，［在下个5锁针链上钩1短针，5锁针］2次；从★开始再重复2次，在最后一个3锁针空间中钩（2长针，3锁针，1长针）；用引拔针连接开始8锁针的第3针。（16长针，8短针，12个5锁针链，4个3锁针空间）断线，固定，藏线头。

钩针：3.50mm

线：细线
A线：N88
（线号对应的颜色请参考第5页）

完成尺寸：9cm

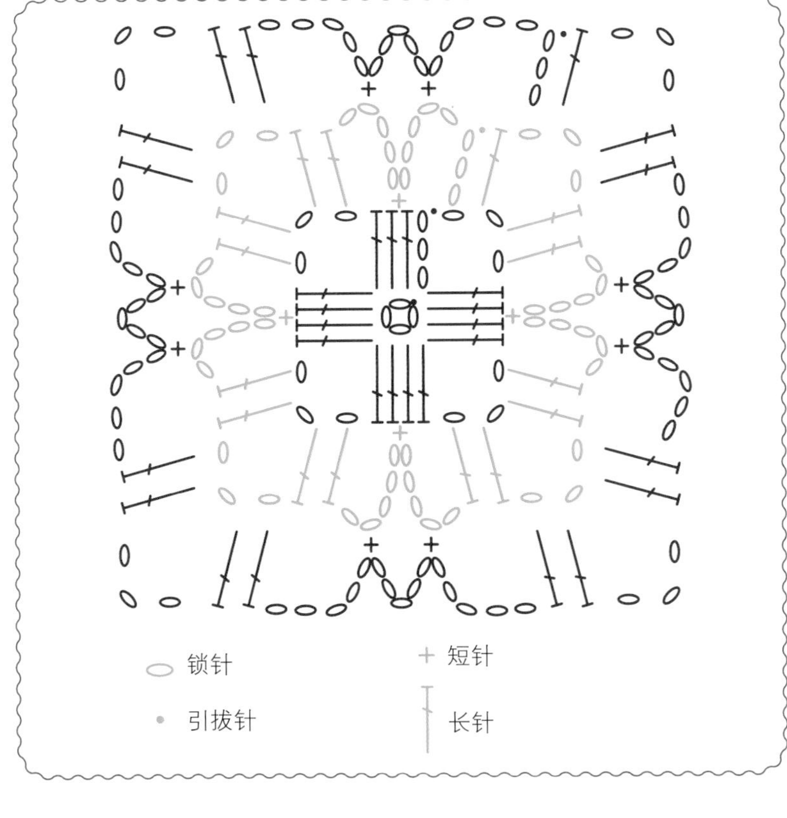

图案31

图案钩编说明

基础圈：用A线，起4锁针；用引拔针连接成环。

第1圈：（正面）1锁针（不算作第一针），在锁针环中钩8短针；用引拔针连接第一个短针。（8短针）

第2圈：4锁针（作为第一个长长针），★绕线2次，将钩针插入接线的同一针目，拉出线圈，［绕线，将钩针拉过钩针上的2个线圈］2次，从★开始再重复1次（钩针上有4个线圈），绕线，并将钩针同时拉过所有4个线圈（首个枣形针完成），5锁针，★在下一短针上钩1个四长长针枣形针，5锁针；从★开始重复钩完整圈；用引拔针连接第一个长长针（开始4锁针的第4针）。（8个枣形针，8个5锁针链）断线，固定，藏线头。

钩针：3.50mm

线：细线

A线：N06

（线号对应的颜色请参考第5页）

完成尺寸：7cm

四长长针枣形针：绕线2次，将钩针插入指定的针目或空间，拉出线圈（钩针上有4个线圈），［绕线，将钩针拉过钩针上的2个线圈］2次（钩针上有2个线圈），★绕线2次，并将钩针插入同一针目或空间，拉出线圈，［绕线，将钩针拉过钩针上的2个线圈］2次，从★开始再重复2次（钩针上有5个线圈），绕线并将钩针一次拉过钩针上的所有5个线圈。

要点：一圈中的首个枣形针，与一圈中的其他枣形针起针方式不同。首个枣形针针法包含在图案钩编说明中。一圈中的其他枣形针，参照上述说明。

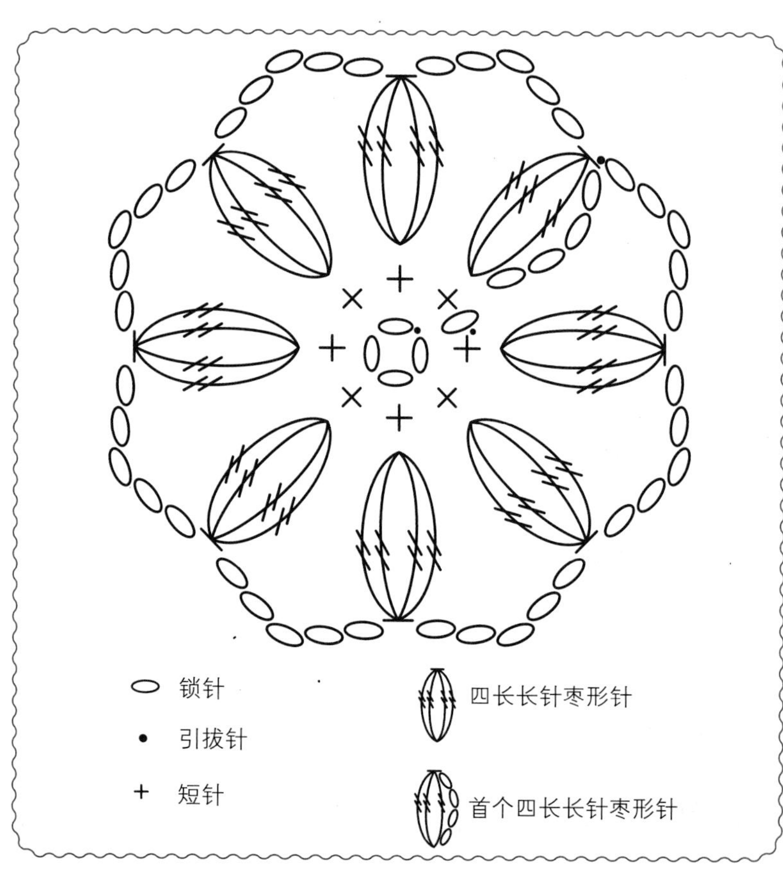

图案钩编说明

基础圈：使用A线，起4锁针；用引拔针连接成环。

第1圈：（正面）4锁针（作为第一个长长针），在锁针环中钩15个长长针；用引拔针连接第一个长长针（开始4锁针的第4针）。（16个长长针）A线断线，固定，藏线头。

第2圈：正面朝上，用引拔针将B线接入任意长长针，5锁针（算作1长针和2锁针），［下个长长针上钩1长针，2锁针］钩完整圈；用引拔针连接开始5锁针的第3针。（16长针，16个2锁针空间）B线断线，固定，藏线头。

第3圈：正面朝上，用引拔针将C线接入任意2锁针空间，3锁针（算作1长针，后面也是如此），［绕线，将钩针插入同一空间内，拉出线圈，绕线，将钩针拉过钩针上的2个线圈］3次（钩针上有4个线圈），绕线，将钩针一次拉过所有4个线圈（首个四长针枣形针完成），3锁针；［在下个2锁针空间内钩1个四长针枣形针，3锁针］钩完整圈；用引拔针连接开始3锁针的第3针。（16个枣形针，16个3锁针空间）C线断线，固定，藏线头。

第4圈：正面朝上，用引拔针将D线接入任意3锁针空间，3锁针，在同一空间内钩2长针，在下个3锁针空间内钩3长针，3锁针，★［在下个3锁针空间内钩3长针］2次，3锁针；从★开始重复钩完整圈；用引拔针连接开始3锁针的第3针。（48长针，8个3锁针空间）D线断线，固定，藏线头。

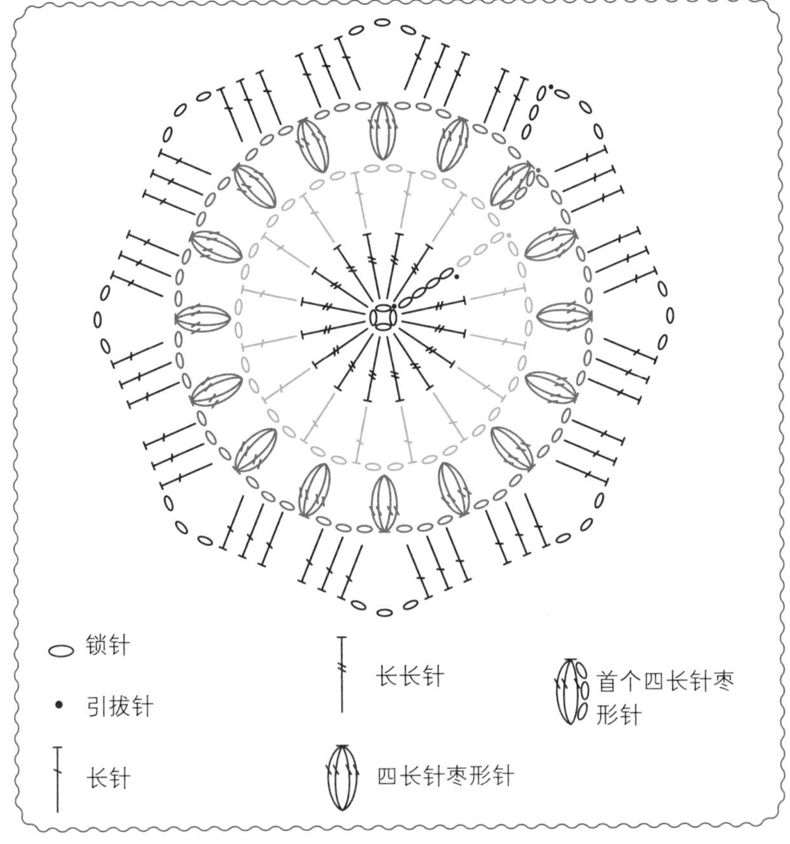

钩针：3.50mm

线：细线
A线：N79
B线：N75
C线：N76
D线：N31
（线号对应的颜色请参考第5页）

完成尺寸：12cm

四长针枣形针：绕线，钩针插入指定的针目或空间，拉出线圈，绕线，将钩针拉过钩针上的2个线圈，［绕线，将钩针插入同一针目或空间，拉出线圈，绕线，将钩针拉过钩针上的2个线圈］重复3次，（现在钩针上有5个线圈），绕线，将钩针同时拉过5个线圈。

要点：一圈中的首个枣形针，与一圈中的其他枣形针起针方式不同。首个枣形针针法包含在图案钩编说明中。一圈中的其他枣形针，参照上述说明。

图案33

图案钩编说明

基础圈：使用A线，起4锁针；用引拔针连接成环。

第1圈：（正面）8锁针（算作1长针和5锁针），［在锁针环内钩1长针，5锁针］7次；用引拔针连接开始8锁针的第3针。（8长针，8个5锁针链）A线断线，固定，藏线头。

第2圈：正面朝上，用短针将B线接入任意5锁针链，在同一锁针链上钩（1中长针，2长针，1锁针，2长针，1中长针，1短针），*在下个5锁针链上钩（1短针，1中长针，2长针，1锁针，2长针，1中长针，1短针）；从*开始重复钩完整圈；用引拔针连接第一个短针。（8个花瓣）B线断线，固定，藏线头。

第3圈：正面朝上，用引拔针将C线接入任意1锁针空间，1锁针（不算作第一针），在同一空间中钩1短针，6锁针，［在下一个1锁针空间内钩1短针，6锁针］钩完整圈；用引拔针连接第一个短针。（8短针，8个6锁针链）

第4圈：在下一个6锁针链上钩引拔针，1锁针，在同一锁针链上钩4短针，3锁针，下一个6锁针链上钩（1个三长针枣形针，5锁针，1个三长针枣形针），3锁针；*在下一锁针链上钩4短针，3锁针，下个6锁针链上钩（1个三长针枣形针，5锁针，1个三长针枣形针），3锁针；从*开始重复钩完整圈；用引拔针连接第一个短针。（8个枣形针，16短针，8个3锁针空间，4个5锁针链）C线断线，固定，藏线头。

钩针：3.50mm

线：细线
A线：N06
B线：N03
C线：N38
（线号对应的颜色请参考第5页）

完成尺寸：9cm

三长针枣形针：绕线，钩针插入指定的针目或空间，拉出线圈，绕线，将钩针拉过钩针上的2个线圈，［绕线，将钩针插入同一针目或空间，拉出线圈，绕线，将钩针拉过钩针上的2个线圈］重复2次，（现在钩针上有4个线圈），绕线，将钩针同时拉过4个线圈。

加入短针：钩针上打活结，将钩针插入指定的针目或空间，拉出线圈（现在钩针上有2个线圈），绕线，将钩针同时拉过这2个线圈（第一个短针完成）。

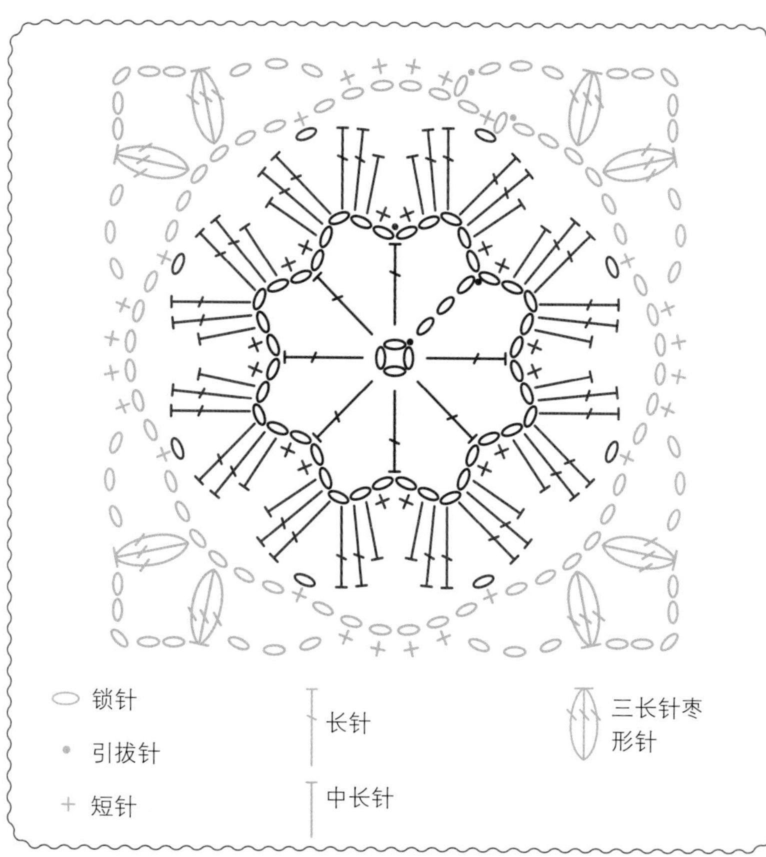

图案34

图案钩编说明

基础圈：使用A线，起5锁针；用引拔针连接成环。

第1圈：（正面）4锁针（作为第一个长长针），在锁针环中钩23个长长针；用引拔针连接第一个长长针（开始4锁针的第4针）。（24长长针）

第2圈：3锁针（算作1长针），在后面2个针目中各钩1长针，2锁针，★在后面3个针目中各钩1长针，2锁针。从★开始重复钩完整圈。用引拔针连接开始3锁针的第3针。（24长针，8个2锁针空间）。

第3圈：3锁针，在接下来的2长针上各钩1长针，3锁针，★在接下来的3长针上各钩1长针，3锁针；从★开始重复钩完整圈；用引拔针连接开始3锁针的第3针。（24长针，8个3锁针空间）

第4圈：3锁针，［绕线，将钩针插入下一长针，拉出线圈，绕线，将钩针拉过钩针上的2个线圈］2次（钩针上有3个线圈），绕线并一次拉过钩针上的所有3个线圈（首个三长针玉米针完成），5锁针，在下个3锁针空间内钩1短针，5锁针，★（在后面3长针上）钩1个三长针玉米针，5锁针，在下个3锁针空间内钩1短针，5锁针；从★开始重复钩完整圈；用引拔针连接开始3锁针的第3针。（8个玉米针，8短针，16个5锁针链）断线，固定，藏线头。

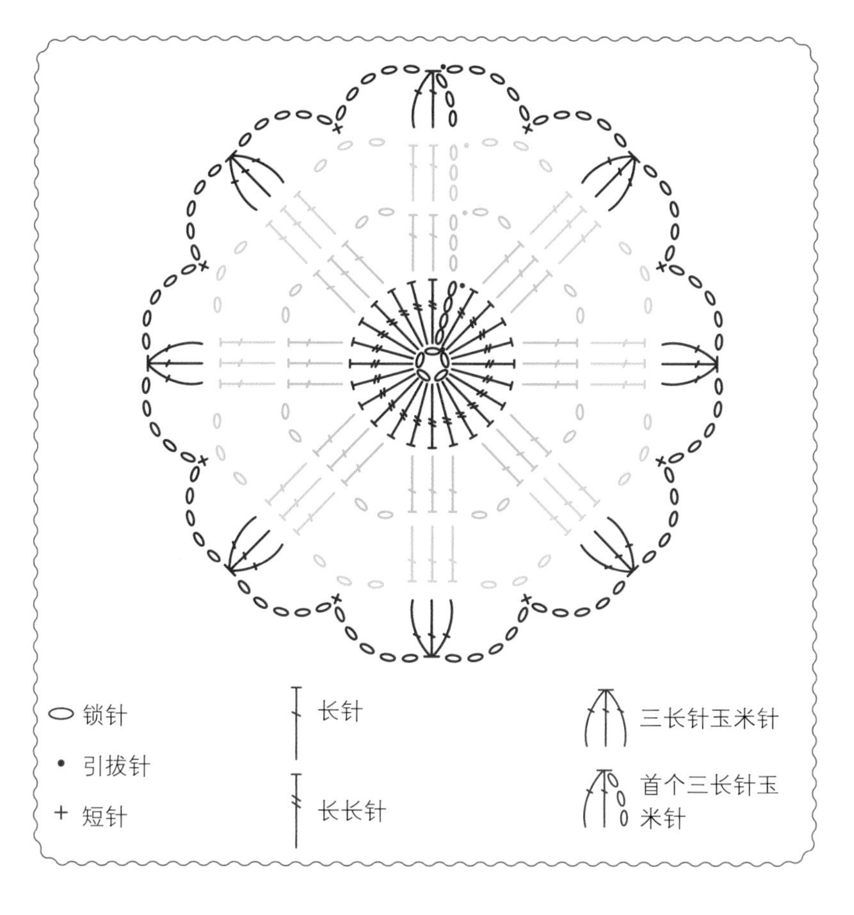

钩针：3.50mm

线：细线
A线：N80
（线号对应的颜色请参考第5页）

完成尺寸：11cm

三长针玉米针：绕线，将钩针插入指定的针目或空间，拉出线圈（钩针上有3个线圈），绕线，将钩针拉过钩针上的2个线圈（钩针上有2个线圈），★绕线，将钩针插入下个针目或空间，拉出线圈，绕线，将钩针拉过钩针上的2个线圈；从★开始重复1次（钩针上有4个线圈），绕线并一次拉过钩针上所有4个线圈。

要点：一圈中的首个玉米针，与一圈中的其他玉米针起针方式不同。首个玉米针针法包含在图案钩编说明中。一圈中的其他玉米针，参照上述说明。

图案35

钩针：3.50mm

线：细线
A线：N26
（线号对应的颜色请参考第5页）

完成尺寸：12cm

两长长针枣形针：绕线2次，将钩针插入指定的针目或空间，拉出线圈（钩针上4个线圈），［绕线，将钩针拉过钩针上的2个线圈］2次（钩针上有2个线圈），绕线2次，并将钩针插入同一针目或空间，拉出线圈，［绕线，将钩针拉过钩针上的2个线圈］2次（钩针上有3个线圈），绕线并将钩针一次拉过钩针上的所有3个线圈。

三长长针枣形针：在钩针上绕线2圈，将钩针插入指定的针目或空间，拉出线圈（现在钩针上有4个线圈），［绕线，将钩针拉过钩针上的2个线圈］2次（现在钩针上有2个线圈），★在钩针上绕线2次，将钩针插入前次同一针目或空间，拉出线圈，［绕线，将钩针拉过钩针上的2个线圈］2次，从★开始重复1次（现在钩针上有4个线圈），绕线，将钩针同时拉过这4个线圈。

要点：一圈中的首个枣形针，与一圈中的其他枣形针起针方式不同。首个枣形针针法包含在图案钩编说明中。一圈中的其他枣形针，参照上述说明。

图案钩编说明

基础圈：使用A线，起4锁针；用引拔针连接成环。

第1圈：（正面）4锁针（作为第一个长长针，后面也是如此），钩针上绕线2次，将钩针插入锁针环，拉出线圈，［绕线，将钩针拉过钩针上的2个线圈］2次（钩针上有2个线圈），绕线并将钩针一次拉过钩针上的2个线圈（首个两长长针枣形针完成），3锁针，［在锁针环中钩1个两长长针枣形针，3锁针］5次；用引拔针连接第一个长长针（开始4锁针的第4针）。（6个枣形针，6个3锁针空间）

第2圈：在下个3锁针空间中钩引拔针，1锁针（不算作第一针），在同一锁针空间内钩3短针，3锁针，［在下一锁针空间内钩3短针，3锁针］钩完整圈；用引拔针连接第一个短针。（18短针，6个3锁针空间）

第3圈：在下个3锁针空间中钩引拔针，钩首个两长长针枣形针，3锁针，在同一空间内钩1个两长长针枣形针，3锁针，★在下个3锁针空间内钩（1个两长长针枣形针，3锁针，1个两长长针枣形针），3锁针；从★开始重复钩完整圈；用引拔针连接第一个长长针（开始4锁针的第4针）。（12个枣形针，12个3锁针空间）

第4圈：在下个3锁针空间中钩引拔针，钩首个三长长针枣形针，3锁针，在同一空间内钩1个三长长针枣形针，3锁针，在下个3锁针空间中钩1短针，3锁针，★在下个3锁针空间内钩（1个三长长针枣形针，3锁针，1个三长长针枣形针），3锁针，在下个空间内钩1短针，3锁针；从★开始重复钩完整圈；用引拔针连接第一个长长针（开始4锁针的第4针）。（12个枣形针，6短针，18个3锁针空间）断线，固定，藏线头。

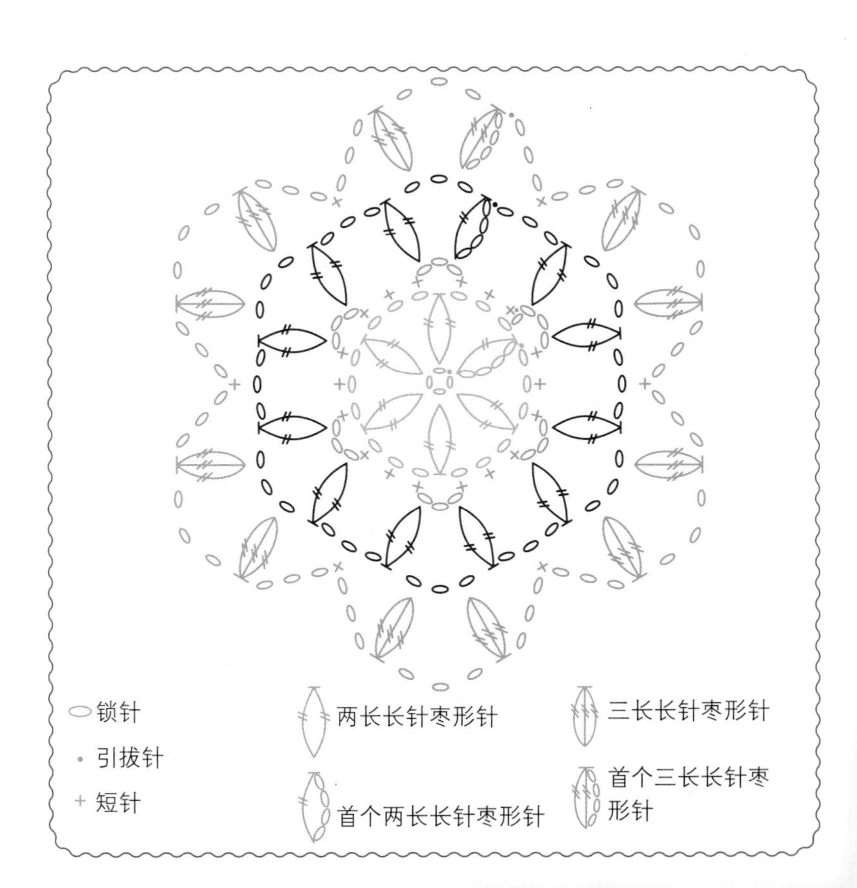

图案钩编说明

基础圈： 使用A线，起4锁针；用引拔针连接成环。

第1圈：（正面）1锁针（不算作第一针），在锁针环中钩12短针；用引拔针连接第一个短针。（12短针）

第2圈： 3锁针（算作1长针，后面也是如此），绕线，将钩针插入接线的同一针目中，拉出线圈，绕线并将钩针一次拉过钩针上的2个线圈（首个两长针枣形针完成），2锁针，［在下一短针上钩1个两长针枣形针，2锁针］钩完整圈；用引拔针连接开始3锁针的第3针。（12个枣形针，12个2锁针空间）

第3圈： 在下个2锁针空间中钩引拔针，1锁针，在同一空间内钩1短针，5锁针，［在下一锁针空间钩1短针，5锁针］钩完整圈；用引拔针连接第一个短针。（12短针，12个5锁针链）

第4圈： 在下个5锁针链上钩引拔针，1锁针，★在同一锁针链上钩1短针，7锁针，1短针，5锁针，［在下一个5锁针链上钩1长针，5锁针］；从★开始重复钩完整圈。用引拔针连接第一个短针。（12短针，12个5锁针链，12长针，6个7锁针链）

第5圈： 在7锁针链上钩引拔针，3锁针，在同一锁针链上钩（4长针，3锁针，5长针），在下个5锁针链上钩2短针，1锁针，在下个5锁针链上钩2短针，★在下个7锁针链上钩（5长针，3锁针，5长针），在下一锁针链上钩2短针，1锁针，在下一锁针链上钩2短针；从★开始重复钩完整圈；用引拔针连接开始3锁针的第3针。（60长针，6个3锁针空间，24短针，6个1锁针空间）

⬭ 锁针

\+ 短针

• 引拔针

长针

两长针枣形针

首个两长针枣形针

钩针： 3.50mm

线： 细线

A线：N03

（线号对应的颜色请参考第5页）

完成尺寸： 14cm

两长针枣形针： 在钩针上绕线，将钩针插入指定的针目或空间，拉出线圈，钩针上绕线，将钩针拉过钩针上的2个线圈，绕线，将钩针插入同一针目或空间，拉出线圈，绕线，将钩针拉过钩针上的2个线圈（现在钩针上有3个线圈），绕线并将钩针拉过所有3个线圈。

要点： 一圈中的首个枣形针，与一圈中的其他枣形针起针方式不同。首个枣形针针法包含在图案钩编说明中。一圈中的其他枣形针，参照上述说明。

图案37

图案钩编说明

基础圈：使用A线，起4锁针；用引拔针连接成环。

第1圈：（正面）1锁针（不算作第一针，后面也是如此），在锁针环中钩8短针；用引拔针连接第一个短针。（8短针）

第2圈：1锁针，在接线的同一针目中钩（1短针，11锁针），在下一短针上钩1短针，★在下一短针中钩（1短针，11锁针），在下一短针上钩1短针；从★开始重复钩完整圈；用引拔针连接第一个短针。（8短针，4个11锁针链）

第3圈：在下个11锁针链上钩引拔针，1锁针，在同一锁针链上钩（5短针，2锁针，5短针），★在下一锁针链上钩（5短针，2锁针，5短针）；从★开始重复钩完整圈；用引拔针连接第一个短针。（40短针，4个2锁针空间）

第4圈：6锁针（算作1长针和3锁针），在接线的同一针目内钩1长针，7锁针，在下个2锁针空间内钩（3长针，3锁针，3长针），7锁针，★在2个花瓣间的空间里钩（1长针，3锁针，1长针），7锁针，在下个2锁针空间内钩（3长针，3锁针，3长针），7锁针；从★开始重复钩完整圈；用引拔针连接开始6锁针的第3针。（32长针，8个3锁针空间，8个7锁针链）

钩针：3.50mm

线：细线
A线：N38
（线号对应的颜色请参考第5页）

完成尺寸：8cm

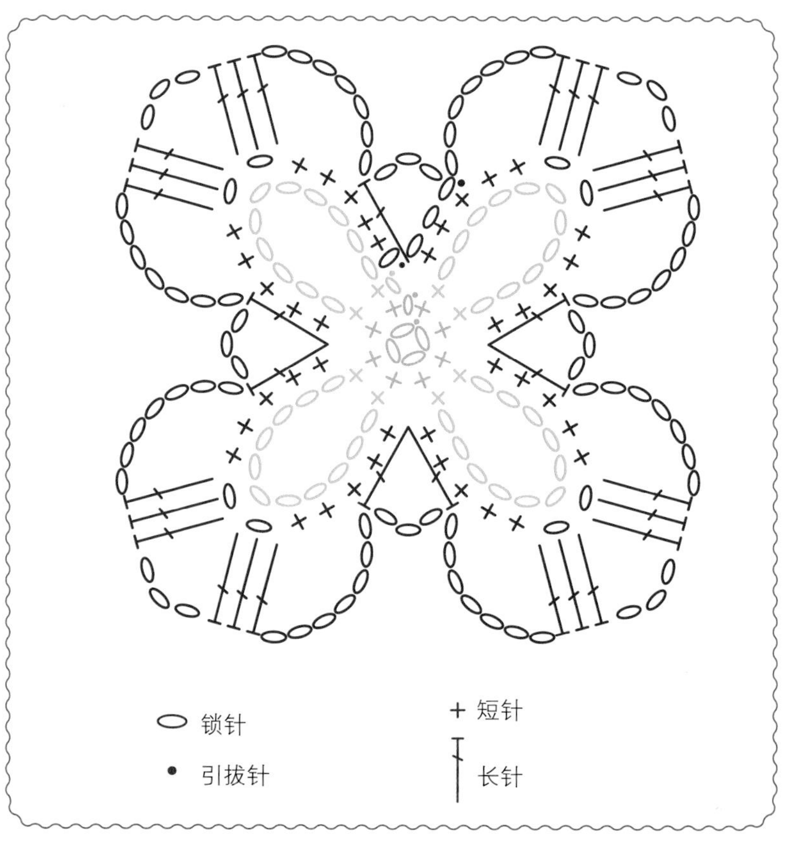

图案38

图案钩编说明

基础圈：使用A线，起4锁针；用引拔针连接成环。

第1圈：（正面）3锁针（算作1长针，后面也是如此），［绕线，将钩针插入锁针环，拉出线圈，绕线，将钩针拉过钩针上的2个线圈］2次（钩针上3个线圈），绕线并将钩针拉过钩针上的所有3个线圈（首个三长针枣形针完成），3锁针，［在锁针环中钩1个三长针枣形针，3锁针］5次；用引拔针连接开始3锁针的第3针。（6个枣形针，6个3锁针空间）

第2圈：在下个3锁针空间中钩引拔针，钩首个三长针枣形针，3锁针，在同一空间内钩1个三长针枣形针，3锁针，在下个空间内钩1个三长针枣形针，3锁针，*在下个3锁针空间中钩（1个三长针枣形针，3锁针，1个三长针枣形针），3锁针，在下个空间内钩1个三长针枣形针，3锁针；从*开始重复钩完整圈；用引拔针连接开始3锁针的第3针。（9个枣形针，9个3锁针空间）

第3圈：在下个3锁针空间中钩引拔针，钩首个三长针枣形针，3锁针，在同一空间内钩1个三长针枣形针，5锁针，［在下个空间内钩1短针，5锁针］2次，*在下个空间中钩（1个三长针枣形针，3锁针，1个三长针枣形针），5锁针，［在下个空间内钩1短针，5锁针］2次；从*开始重复钩完整圈；用引拔针连接开始的锁针的第3针（6个枣形针，3个3锁针空间，6短针，9个5锁针链）

第4圈：在下个3锁针空间中钩引拔针，钩首个三长针枣形针，3锁针，在同一空间内钩1个三长针枣形针，5锁针，［在下个5锁针链上钩1短针，5锁针］3次，*在下个3锁针空间中钩（1个三长针枣形针，3锁针，1个三长针枣形针），5锁针，［在下个5锁针链上钩1短针，5锁针］3次；从*开始重复钩完整圈；用引拔针连接开始的锁针的第3针。（6个枣形针，3个3锁针空间，9短针，12个5锁针链）断线，固定，藏线头。

钩针：3.50mm

线：细线
A线：N80
（线号对应的颜色请参考第5页）

完成尺寸：12cm

三长针枣形针：绕线，钩针插入指定的针目或空间，拉出线圈，绕线，将钩针拉过钩针上的2个线圈，［绕线，将钩针插入同一针目或空间，拉出线圈，绕线，将钩针拉过钩针上的2个线圈］重复2次（现在钩针上有4个线圈），绕线，将钩针同时拉过4个线圈。

要点：一圈中的首个枣形针，与一圈中的其他枣形针起针方式不同。首个枣形针针法包含在图案钩编说明中。一圈中的其他枣形针，参照上述说明。

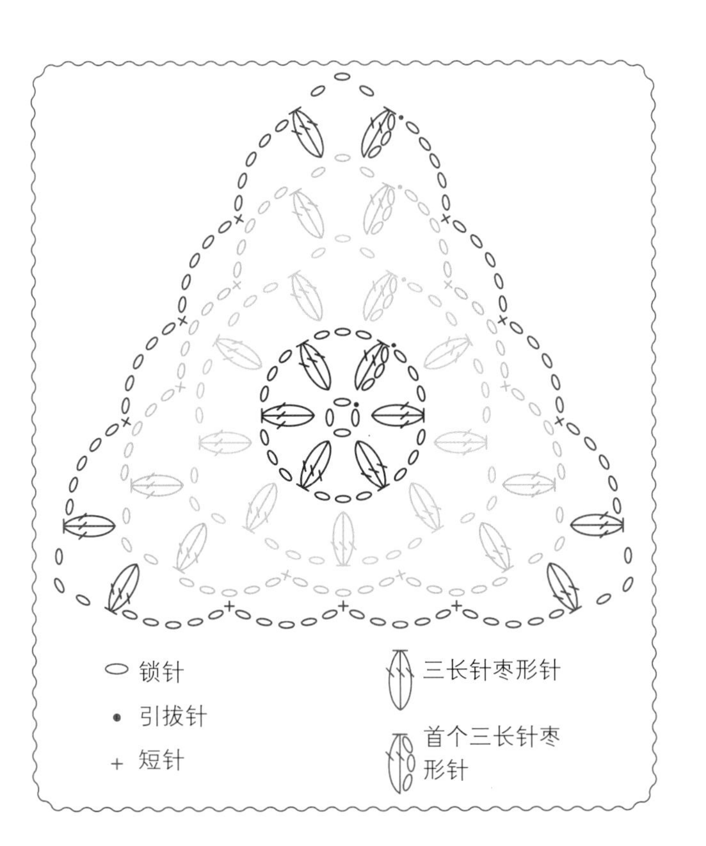

图案39

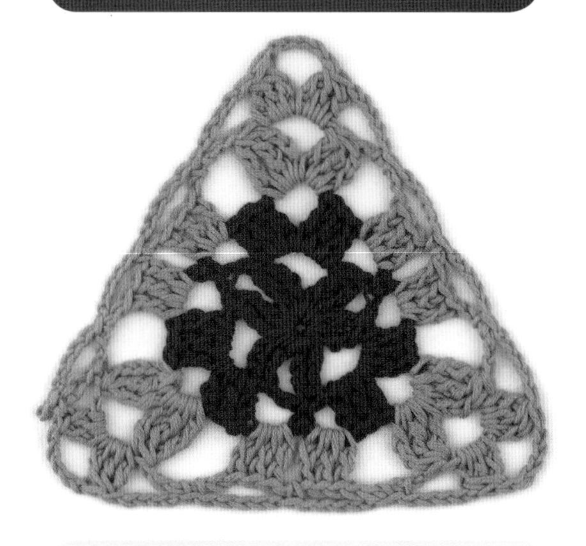

钩针：3.50mm

线：细线
A线：N34
B线：N09
（线号对应的颜色请参考第5页）

完成尺寸：12cm

三长针枣形针：绕线，钩针插入指定的针目或空间，拉出线圈，绕线，将钩针拉过钩针上的2个线圈，［绕线，将钩针插入同一针目或空间，拉出线圈，绕线，将钩针拉过钩针上的2个线圈］重复2次（现在钩针上有4个线圈），绕线，将钩针同时拉过4个线圈。

两长长针枣形针：绕线2次，将钩针插入指定的针目或空间，拉出线圈（钩针上4个线圈），［绕线，将钩针拉过钩针上的2个线圈］2次（现在钩针上有2个线圈），绕线2次，并将钩针插入同一针目或空间，拉出线圈，［绕线，将钩针拉过钩针上的2个线圈］2次（现在钩针上有3个线圈），绕线并将钩针一次拉过钩针上的所有3个线圈。

三长长针枣形针：在钩针上绕线2圈，将钩针插入指定的针目或空间，拉出线圈（现在钩针上有4个线圈），［绕线，将钩针拉过钩针上的2个线圈］2次（现在钩针上有2个线圈），⋆在钩针上绕线2次，将钩针插入前次同一针目或空间，拉出线圈，［绕线，将钩针拉过钩针上的2个线圈］2次，从⋆开始重复1次（现在钩针上有4个线圈），绕线，将钩针同时拉过这4个线圈。

要点：一圈中的首个枣形针，与一圈中的其他枣形针起针方式不同。首个枣形针针法包含在图案钩编说明中。一圈中的其他枣形针，参照上述说明。

图案钩编说明

基础圈：使用A线，起4锁针；用引拔针连接成环。

第1圈：（正面）4锁针（作为第一个长长针，后面也是如此），绕线2圈，将钩针插入锁针环中，拉出线圈，［绕线，将钩针拉过钩针上的2个线圈］2次（钩针上有2个线圈），绕线并将钩针一次拉过钩针上的2个线圈（首个两长长针枣形针完成），3锁针，在锁针环中钩1个两长长针枣形针，5锁针，⋆在锁针环中钩（1个两长长针枣形针，3锁针，1个两长长针枣形针），5锁针；从⋆开始重复1次；用引拔针连接第一个长长针（开始4锁针的第4针）。（6个枣形针，3个3锁针空间，3个5锁针链）

第2圈：6锁针（算作1长针和3锁针），在下个3锁针空间内钩1短针，3锁针，⋆在下个5锁针链上钩（3长针，5锁针，3长针），3锁针，在下个3锁针空间内钩1短针，3锁针；从⋆开始重复1次；在最后一条锁针上钩（3长针，5锁针，2长针）；用引拔针连接开始6锁针的第3针。（18长针，3个5锁针链，3短针，6个3锁针空间）A线断线，固定，藏线头。

第3圈：正面朝上，用引拔针将B线接入任意5锁针链，4锁针，⋆绕线2圈，将钩针插入同一锁针链，拉出线圈，［绕线，将钩针拉过钩针上的2个线圈］2次，从⋆开始重复1次（钩针上有3个线圈），绕线并将钩针一次拉过钩针上的3个线圈（首个三长长针枣形针完成），5锁针，在同一锁针链上钩1个三长长针枣形针，5锁针，在下个3锁针空间内钩3长针，1锁针，在下个3锁针空间内钩3长针，5锁针，⋆在下个5锁针链上钩（1个三长长针枣形针，5锁针，1个三长长针枣形针），5锁针，在下个3锁针空间内钩3长针，1锁针，在下个3锁针空间内钩3长针，5锁针；从⋆开始重复钩完整圈；用引拔针连接第一个长长针（开始4锁针的第4针）。（6个枣形针，18长针，3个1锁针空间，9个5锁针链）

第4圈：在下个5锁针链上钩引拔针，钩首个三长针枣形针，5锁针，在同一锁针链上钩1个三长针枣形针，5锁针，在下个5锁针链上钩1短针，5锁针，在下个1锁针空间里钩1短针，5锁针，在下个5锁针链上钩1短针，5锁针，⋆在下一锁针链上钩（1个三长针枣形针，5锁针，1个三长针枣形针），5锁针，在下个5锁针链上钩1短针，5锁针，在下个1锁针空间里钩1短针，5锁针，在下个5锁针链上钩1短针，5锁针；从⋆开始重复钩完整圈；用引拔针连接开始3锁针的第3针。（6个枣形针，9短针，15个5锁针链）B线断线，固定，藏线头。

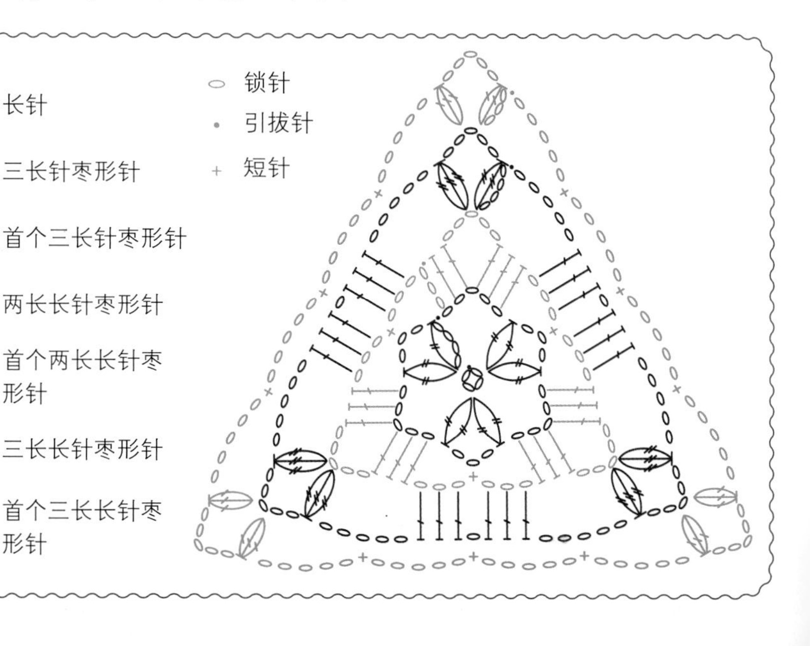

图案40

钩针：3.50mm

线：细线
A线：N30
B线：N05
C线：N85
D线：N76
（线号对应的颜色请参考第5页）

完成尺寸：12cm

两长针枣形针：在钩针上绕线，将钩针插入指定的针目或空间，拉出线圈，钩针上绕线，将钩针拉过钩针上的2个线圈，绕线，将钩针插入同一针目或空间，拉出线圈，绕线，将钩针拉过钩针上的2个线圈（现在钩针上有3个线圈），绕线并将钩针拉过所有3个线圈。

要点：一圈中的首个枣形针，与一圈中的其他枣形针起针方式不同。首个枣形针针法包含在图案钩编说明中。一圈中的其他枣形针，参照上述说明。

图案钩编说明

基础圈：使用A线，起4锁针；用引拔针连接成环。

第1圈：（正面）钩首个两长针枣形针，3锁针，［在锁针环中钩1个两长针枣形针，3锁针］5次；用引拔针连接开始3锁针的第3针。（6个枣形针，6个3锁针空间）A线断线，固定，藏线头。

第2圈：正面朝上，用引拔针将B线接入任意3锁针空间，3锁针，在同一空间内钩2长针，3锁针，［在下个空间内钩3长针，3锁针］钩完整圈；用引拔针连接开始3锁针的第3针。（18长针，6个3锁针空间）B线断线，固定，藏线头。

第3圈：正面朝上，用引拔针将C线接入任意3锁针空间，4锁针（算作1长针和1锁针，后面也是如此），在同一空间内钩［1长针，1锁针，1长针，3锁针，1长针，（1锁针，1长针）2次］，1锁针，跳过下一长针，在下一长针（中间的长针）上钩1短针，1锁针，跳过下一长针，★在下个3锁针空间里钩［（1长针，1锁针）2次，1长针，3锁针，1长针，（1锁针，1长针）2次］，1锁针，跳过下一长针，在下一长针（中间的长针）上钩1短针，1锁针，跳过下一长针；从★开始重复钩完整圈；用引拔针连接开始4锁针的第3针。（6个花瓣）C线断线，固定，藏线头。

第4圈：正面朝上，用引拔针将D线接入任意3锁针空间，4锁针，在同一空间内钩［1长针，1锁针，1长针，3锁针，1长针，（1锁针，1长针）2次］，2锁针，下一短针上钩1短针，2锁针，★在下个3锁针空间内钩［（1长针，1锁针）2次，1长针，3锁针，1长针，（1锁针，1长针）2次］，2锁针，下一短针上钩1短针，2锁针；从★开始重复钩完整圈；用引拔针连接开始4锁针的第3针。（6个花瓣）D线断线，固定，藏线头。

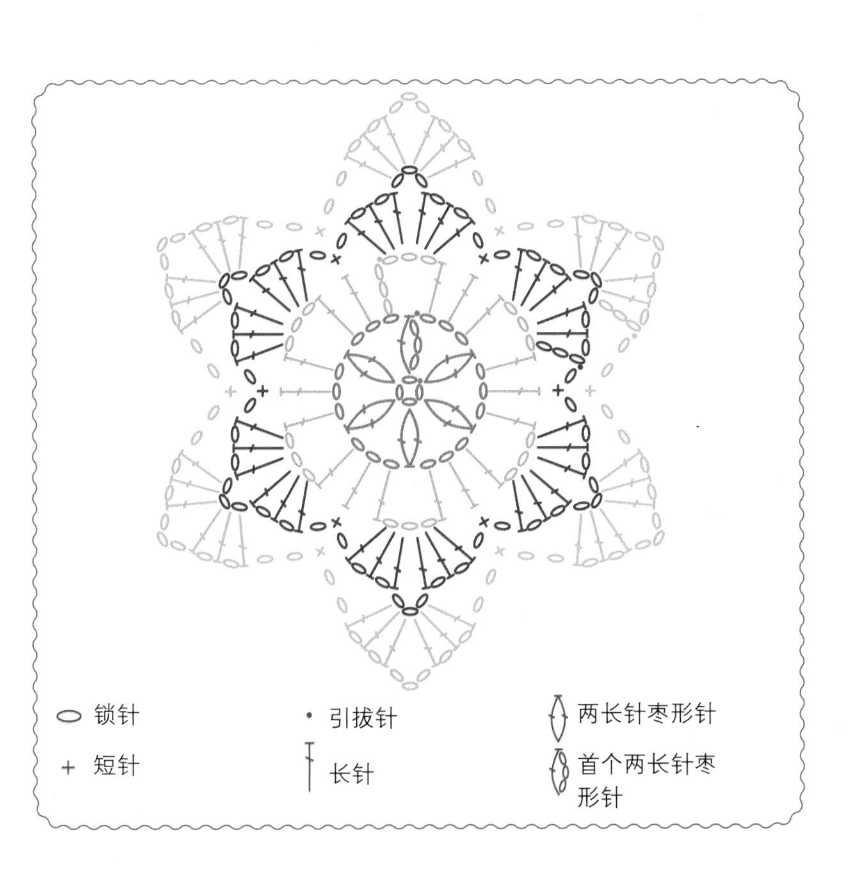

图案41

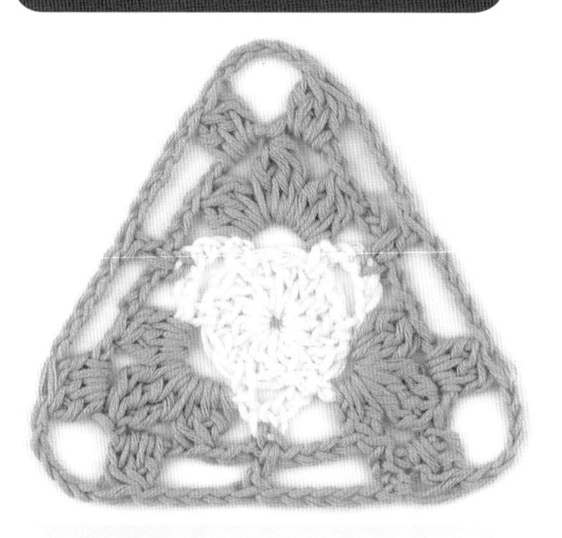

钩针：3.50mm

线：细线
A线：N79
B线：N44
（线号对应的颜色请参考第5页）

完成尺寸：10cm

三长针枣形针：绕线，钩针插入指定的针目或空间，拉出线圈，绕线，将钩针拉过钩针上的2个线圈，［绕线，将钩针插入同一针目或空间，拉出线圈，绕线，将钩针拉过钩针上的2个线圈］重复2次，（现在钩针上有4个线圈），绕线，将钩针同时拉过4个线圈。

三长长针枣形针：在钩针上绕线2圈，将钩针插入指定的针目或空间，拉出线圈（现在钩针上有4个线圈），［绕线，将钩针拉过钩针上的2个线圈］2次（现在钩针上有2个线圈），*在钩针上绕线2次，将钩针插入前次同一针目或空间，拉出线圈，［绕线，将钩针拉过钩针上的2个线圈］2次，从*开始重复1次（现在钩针上有4个线圈），绕线，将钩针同时拉过这4个线圈。

要点：一圈中的首个枣形针，与一圈中的其他枣形针起针方式不同。首个枣形针针法包含在图案钩编说明中。一圈中的其他枣形针，参照上述说明。

图案钩编说明

基础圈：使用A线，起4锁针；用引拔针连接成环。

第1圈：（正面）3锁针（算作1长针，后面也是如此），在锁针环中钩11长针；用引拔针连接开始3锁针的第3针。（12长针）

第2圈：1锁针（不算作第一针），在接线处的同一针目中钩1短针，5锁针，跳过下一长针，*在下一长针上钩1短针，5锁针，跳过下一长针；从*开始重复钩完整圈；用引拔针连接第一个短针。（6短针，6个5锁针链）A线断线，固定，藏线头。

第3圈：正面朝上，用引拔针将B线接入任意5锁针链，3锁针，［绕线，将钩针插入同一锁针链，拉出线圈，绕线，拉过钩针上的2个线圈］2次（钩针上有3个线圈），绕线，并将钩针一次拉过钩针上的所有3个线圈（首个三长针枣形针完成），4锁针，在同一锁针链上钩（1个三长长针枣形针，4锁针，1个三长针枣形针），3锁针，在下个5锁针链上钩1短针，3锁针，*在下一锁针链上钩（1个三长针枣形针，4锁针，1个三长长针枣形针，4锁针，1个三长针枣形针），3锁针，在下一锁针链上钩1短针，3锁针；从*开始重复钩完整圈；用引拔针连接开始3锁针的第3针。（6个三长针枣形针，3个三长长针枣形针，3短针，6个3锁针空间，6个4锁针链）

第4圈：在下个4锁针空间内钩引拔针，3锁针，［绕线，将钩针插入同一锁针链，拉出线圈，绕线，将拉过钩针上的2个线圈］2次（钩针上有3个线圈），绕线，并将钩针一次拉过钩针上的所有3个线圈（首个三长针枣形针完成），5锁针，在下个4锁针链上钩1个三长针枣形针，5锁针，在下一短针上钩1长针，5锁针，*［在下个4锁针链上钩1个三长针枣形针，5锁针］2次，在下一短针上钩1长针，5锁针；从*开始重复钩完整圈；用引拔针连接开始3锁针的第3针。（6个三长针枣形针，9个5锁针链）B线断线，固定，藏线头。

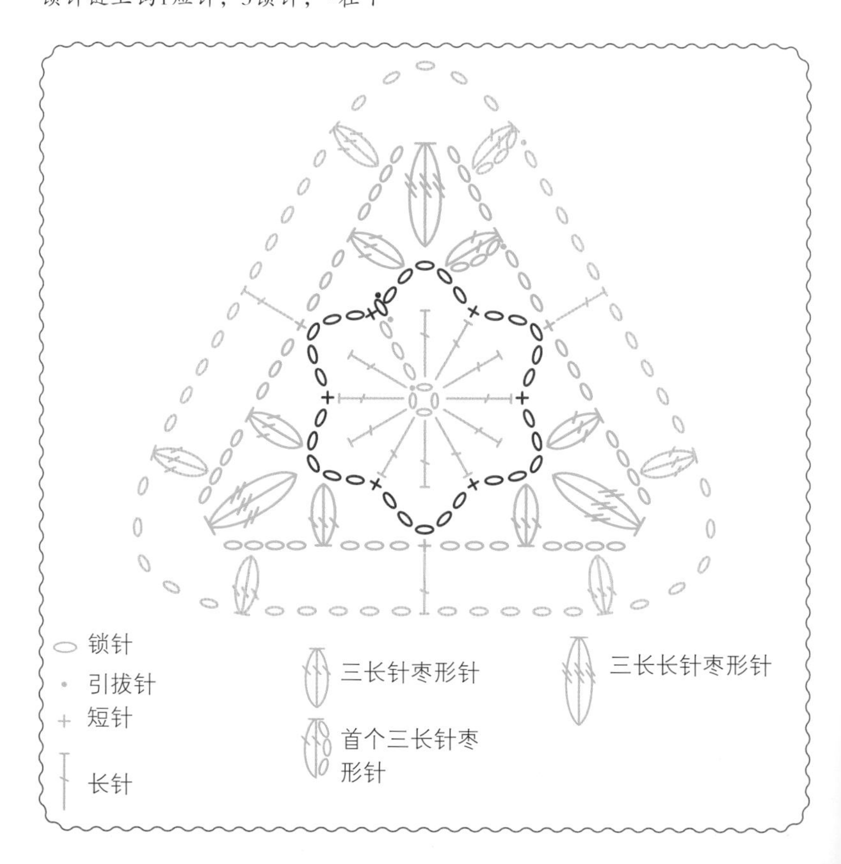

图案42

图案钩编说明

基础圈：使用A线，起4锁针；用引拔针连接成环。

第1圈：（正面）1锁针（不算作第一针），在锁针环中钩6短针；用引拔针连接第一个短针。（6短针）

第2圈：3锁针（算作1长针，后面也是如此），［绕线，将钩针插入接线的同一针目，拉出线圈，绕线，将钩针拉过钩针上的2个线圈］2次（钩针上现在有3个线圈），绕线并将钩针拉过所有3个线圈（首个三长针枣形针完成），5锁针，*在下一短针上钩1个三长针枣形针，3锁针；在下一短针上钩1个三长针枣形针，5锁针；从*开始重复1次，在下一个短针上钩1个三长针枣形针，3锁针；用引拔针连接开始3锁针的第3针。（6个三长针枣形针，3个5锁针链，3个3锁针链）A线断线，固定，藏线头。

第3圈：正面朝上，用引拔针将B线接入任意5锁针链，3锁针，［绕线，将钩针插入同一5锁针链，拉出线圈，绕线，将钩针拉过钩针上的2个线圈］2次（钩针上有3个线圈），绕线并将钩针一次拉过钩针上的所有3个线圈（首个三长针枣形针完成），3锁针，在同一锁链针上钩（1长长针，3锁针，1个三长针枣形针），3锁针，在下个3锁针链上钩1短针，3锁针，*在下一5锁针链上钩（1个三长针枣形针，3锁针，1长长针，3锁针，1个三长针枣形针），3锁针，在下个3锁针链上钩1短针，3锁针；从*开始重复钩完整圈；用引拔针连接开始3锁针的第3针。（6个三长针枣形针，3个长长针，12个3锁针空间）B线断线，固定，藏线头。

第4圈：正面朝上，用引拔针将C线接入第一个3锁针空间（在长长针之前），3锁针，在同一空间内钩2长针，*3锁针，在下个空间内钩3长针，［1锁针，在下个空间内钩3长针］3次；从*开始再重复1次，3锁针，在下个空间内钩3长针，［1锁针，在下个空间内钩3长针］2次，1锁针；用引拔针连接开始3锁针的第3针。（36长针，3个3锁针空间，9个1锁针空间）C线断线，固定，藏线头。

钩针：3.50mm

线：细线

A线：N83

B线：N76

C线：N85

（线号对应的颜色请参考第5页）

完成尺寸：10cm

三长针枣形针：绕线，钩针插入指定的针目或空间，拉出线圈，绕线，将钩针拉过钩针上的2个线圈，［绕线，将钩针插入同一针目或空间，拉出线圈，绕线，将钩针拉过钩针上的2个线圈］重复2次（现在钩针上有4个线圈），绕线，将钩针同时拉过4个线圈。

要点：一圈中的首个枣形针，与一圈中的其他枣形针起针方式不同。首个枣形针针法包含在图案钩编说明中。一圈中的其他枣形针，参照上述说明。

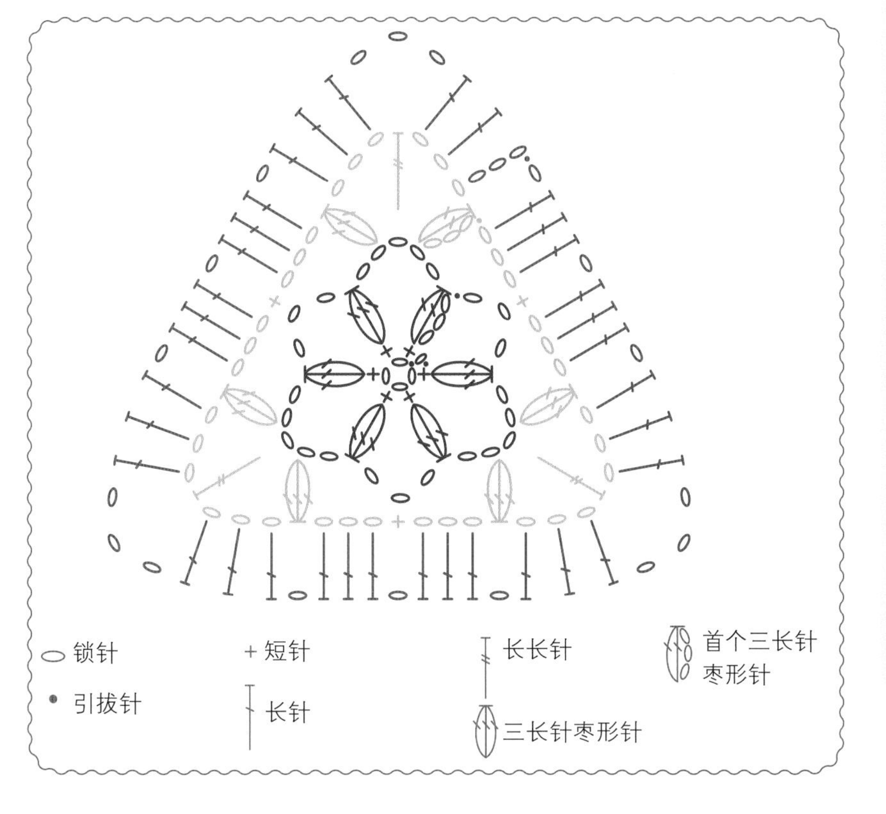

图案43

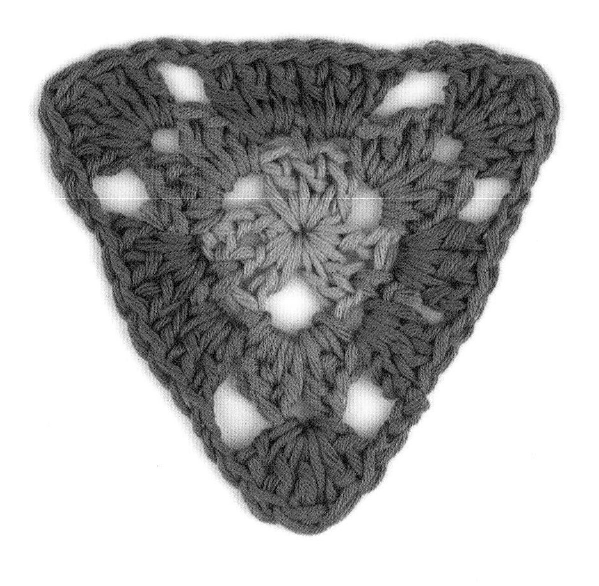

钩针：3.50mm

线：细线
A线：N25
B线：N31
C线：N26
（线号对应的颜色请参考第5页）

完成尺寸：10cm

图案钩编说明

基础圈：使用A线，起4锁针；用引拔针连接成环。

第1圈：（正面）3锁针（算作1长针，后面也是如此），在锁针环中钩2长针，3锁针，［在锁针环中钩3长针，3锁针］2次；用引拔针连接开始3锁针的第3针。（9长针，3个3锁针空间）A线断线，固定，藏线头。

第2圈：正面朝上，用引拔针将B线接入任意三长针组的中间一针，1锁针（不算作第一针），在同一长针中钩1短针，3锁针，在下个3锁针空间中钩（1短针，1中长针，1长针，3锁针，1长针，1中长针，1短针），3锁针，*在下个三长针组的中间一针钩1短针，3锁针，在下个3锁针空间中钩（1短针，1中长针，1长针，3锁针，1长针，1中长针，1短针），3锁针；从*重复钩完整圈，用引拔针连接第一个短针。（3个花瓣，3短针，6个3锁针空间）B线断线，固定，藏线头。

第3圈：正面朝上，用引拔针将C线接入最后一个3锁针空间（在单个的短针之前），3锁针，在同一空间中钩2长针，在下个3锁针空间中钩3长针，2锁针，在下个3锁针空间中钩（2长针，1长长针，2长针），2锁针，*在后面的2个3锁针空间中各钩3长针，2锁针，在下个3锁针空间中钩（2长针，1长长针，2长针），2锁针；从*开始重复钩完整圈；用引拔针连接开始3锁针的第3针。（30长针，3长长针，6个2锁针空间）断线，固定，藏线头。

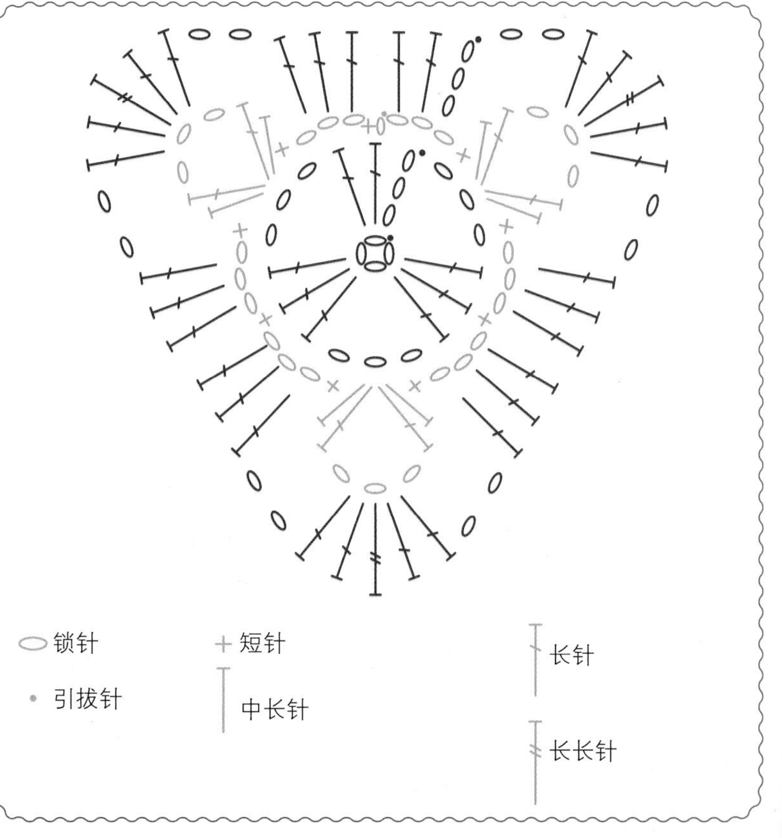

图案44

钩针：3.50mm

线：细线
A线：N25
B线：N43
C线：N05
（线号对应的颜色请参考第5页）

完成尺寸：10cm

两长针枣形针：在钩针上绕线，将钩针插入指定的针目或空间，拉出线圈，钩针上绕线，将钩针拉过钩针上的2个线圈，绕线，将钩针插入同一针目或空间，拉出线圈，绕线，将钩针拉过钩针上的2个线圈（现在钩针上有3个线圈），绕线并将钩针拉过所有3个线圈。

两长长针枣形针：绕线2次，将钩针插入指定的针目或空间，拉出线圈（钩针上4个线圈），［绕线，将钩针拉过钩针上的2个线圈］2次（钩针上有2个线圈），绕线2次，并将钩针插入同一针目或空间，拉出线圈，［绕线，将钩针拉过钩针上的2个线圈］2次（钩针上有3个线圈），绕线并将钩针一次拉过钩针上的所有3个线圈。

要点：一圈中的首个枣形针，与一圈中的其他枣形针起针方式不同。首个枣形针针法包含在图案钩编说明中。一圈中的其他枣形针，参照上述说明。

图案钩编说明

基础圈：使用A线，起4锁针；用引拔针连接成环。

第1圈：（正面）4锁针（作为第一个长长针），绕线2圈，将钩针插入锁针环中，拉出线圈，［绕线，将钩针拉过钩针上的2个线圈］2次（钩针上有2个线圈），绕线并将钩针同时拉过2个线圈（首个两长长针枣形针完成），3锁针，［在锁针环中钩1个两长长针枣形针，3锁针］5次；用引拔针连接第一个长长针（开始4锁针的第4针）。（6个枣形针，6个3锁针空间）A线断线，固定，藏线头。

第2圈：正面朝上，用引拔针将B线接入任意3锁针空间，1锁针（不算作第一针），在同一空间中钩1短针，7锁针，在下个3锁针空间中钩1短针，5锁针，★在下个空间中钩1短针，7锁针，在下个空间中钩1短针，5锁针；从★开始重复钩完整圈；用引拔针连接第一个短针。（6短针，3个7锁针链，3个5锁针链）B线断线，固定，藏线头。

第3圈：正面朝上，用引拔针将C线接入任意7锁针链，3锁针（算作1长针），钩针饶线，将钩针插入同一7锁针链，拉出线圈，绕线，将钩针拉过钩针上的2个线圈（钩针上有2个线圈），绕线并将钩针一次拉过所有线圈（首个两长针枣形针完成），1锁针，在同一锁针链上钩（1个两长针枣形针，5锁针，1个两长针枣形针，1锁针，1个两长针枣形针），3锁针，在下个5锁针链上钩1短针，3锁针，★在下一个7锁针链上钩（1个两长针枣形针，1锁针，1个两长针枣形针，5锁针，1个两长针枣形针，1锁针，1个两长针枣形针），3锁针，在下个5锁针上钩1短针，3锁针；从★开始重复钩完整圈；用引拔针连接开始3锁针的第3针。（12个枣形针，3短针，6个1锁针空间，3个5锁针链，6个3锁针空间）C线断线，固定，藏线头。

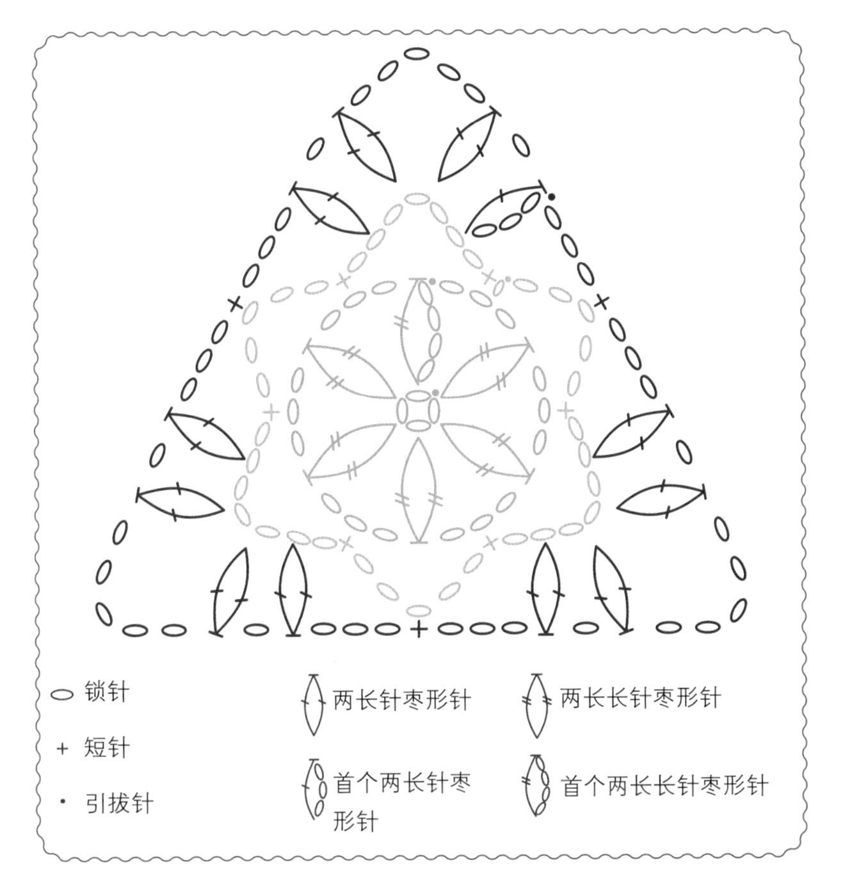

图案45

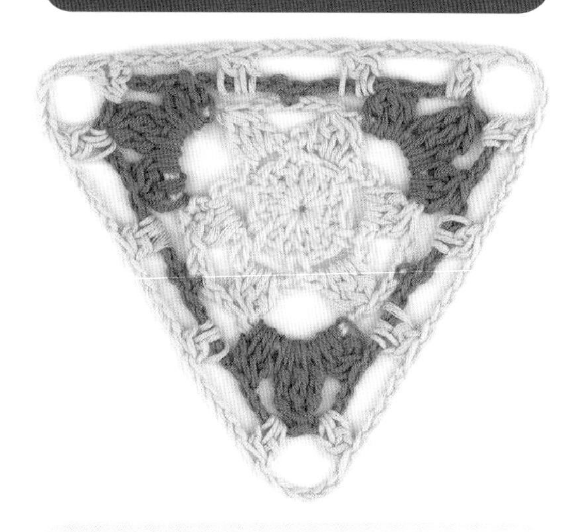

钩针： 3.50mm

线： 细线
A线：N06
B线：N43
C线：N31
D线：N79
（线号对应的颜色请参考第5页）

完成尺寸： 14cm

两长针枣形针： 在钩针上绕线，将钩针插入指定的针目或空间，拉出线圈，绕线，将钩针拉过钩针上的2个线圈，绕线，将钩针插入同一针目或空间，拉出线圈，绕线，将钩针拉过钩针上的2个线圈（现在钩针上有3个线圈），绕线并将钩针拉过所有3个线圈。

三长针枣形针： 绕线，钩针插入指定的针目或空间，拉出线圈，绕线，将钩针拉过钩针上的2个线圈，［绕线，将钩针插入同一针目或空间，拉出线圈，绕线，将钩针拉过钩针上的2个线圈］重复2次（现在钩针上有4个线圈），绕线，将钩针同时拉过4个线圈。

三长长针枣形针： 在钩针上绕线2圈，将钩针插入指定的针目或空间，拉出线圈（现在钩针上有4个线圈），［绕线，将钩针拉过钩针上的2个线圈］2次（现在钩针上有2个线圈），★在钩针上绕线2次，将钩针插入前次同一针目或空间，拉出线圈，［绕线，将钩针拉过钩针上的2个线圈］2次，从★开始重复1次（现在钩针上有4个线圈），绕线，将钩针同时拉过这4个线圈。

要点： 一圈中的首个枣形针，与一圈中的其他枣形针起针方式不同。首个枣形针针法包含在图案钩编说明中。一圈中的其他枣形针，参照上述说明。

图案钩编说明

基础圈： 使用A线，起4锁针；用引拔针连接成环。

第1圈： （正面）3锁针（算作1长针，后面也是如此），在锁针环中钩11长针；用引拔针连接开始3锁针的第3针。（12长针）

第2圈： 1锁针（不算作第一针），在接线的同一针目中钩1短针，5锁针，跳过下一长针，［在下一长针上钩1短针，5锁针，跳过下一长针］钩完整圈；用引拔针连接第一个短针。（6短针，6个5锁针链）A线断线，固定，藏线头。

第3圈： 正面朝上，用引拔针将B线接入任意5锁针链，3锁针，［绕线，将钩针插入同一5锁针链，拉出线圈，绕线，将钩针拉过钩针上的2个线圈］2次（钩针上有3个线圈），绕线并将钩针一次拉过所有3个线圈（首个三长针枣形针完成），5锁针，在下个5锁针链钩1个三长针枣形针，7锁针，★在下个5锁针链上钩1个三长针枣形针，5锁针，在下个5锁针链钩1个三长针枣形针，7锁针；从★开始重复钩完整圈；用引拔针连接开始3锁针的第3针。（6个枣形针，3个5锁针链，3个7锁针链）B线断线，固定，藏线头。

第4圈： 正面朝上，用引拔针将C线接入任意7锁针链，3锁针，［绕线，将钩针插入同一锁针链，拉出线圈，绕线，将钩针拉过钩针上的2个线圈］2次（钩针上有3个线圈），绕线并将钩针拉过所有3个线圈（首个三长针枣形针完成），4锁针，在同一锁针链上钩（1个三长长针枣形针，4锁针，1个三长针枣形针），5锁针，在下个5锁针链上钩1短针，5锁针，★在下个7锁针链上钩（1个三长针枣形针，4锁针，1个三长长针枣形针，4锁针，1个三长针枣形针），5锁针，在下个5锁针链上钩1短针，5锁针；从★开始重复钩完整圈；用引拔针连接开始3锁针的第3针。（9个枣形针，3短针，6个4锁针链，6个5锁针链）C线断线，固定，藏线头。

第5圈： 正面朝上，用引拔针将D线接入第一个（在三长长针枣形针之前的）4锁针链，3锁针，绕线，将钩针插入同一锁针链，拉出线圈，绕线，将钩针拉过钩针上的2个线圈（钩针上有3个线圈），绕线并将钩针一次拉过所有3个线圈（首个两长针枣形针完成），5锁针，★在下一锁针链上钩1个两长针枣形针，5锁针；从★开始重复钩完整圈；用引拔针连接开始3锁针的第3针。（12个枣形针，12个5锁针链）D线断线，固定，藏线头。

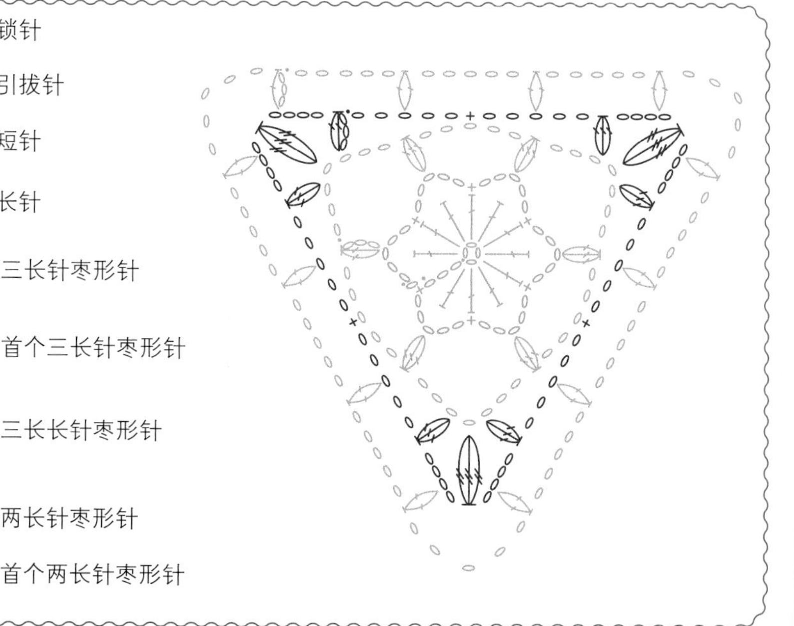

图案46

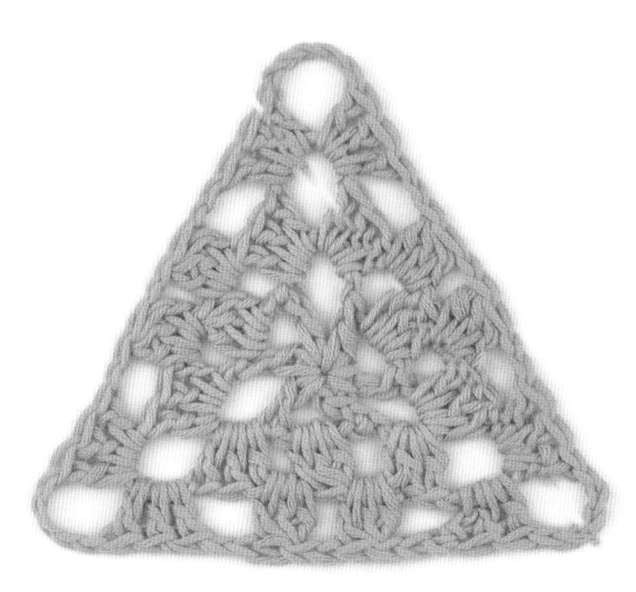

图案钩编说明

基础圈： 使用A线，起4锁针；用引拔针连接成环。

第1圈：（正面）6锁针（算作1长针和3锁针），在锁针环中钩1长针，5锁针，★在锁针环中钩1长针，3锁针，在锁针环中钩1长针，5锁针；从★开始重复钩完整圈；用引拔针连接开始6锁针的第3针。（6长针，3个3锁针空间，3个5锁针链）A线断线，固定，藏线头。

第2圈： 正面朝上，用引拔针将B线接入任意5锁针链，3锁针（算作1长针，后面也是如此），在同一锁针链上钩（2长针，5锁针，3长针），1锁针，在下个3锁针空间中钩1个三长针枣形针，1锁针，★在下个5锁针链上钩（3长针，5锁针，3长针），1锁针，在下个3锁针空间中钩1个三长针枣形针，1锁针；从★开始重复钩完整圈；用引拔针连接开始3锁针的第3针。（18长针，3个枣形针，6个1锁针空间，3个5锁针链）B线断线，固定，藏线头。

第3圈： 正面朝上，用引拔针将C线接入任意5锁针链，3锁针，在同一锁针链上钩（2长针，5锁针，3长针），［2锁针，在下个1锁针空间里钩1个三长针枣形针］2次，2锁针，★在下个5锁针链上钩（3长针，5锁针，3长针），［2锁针，在下个1锁针空间里钩1个三长针枣形针］2次，2锁针；从★开始重复钩完整圈；用引拔针连接开始3锁针的第3针。（18长针，6个枣形针，9个2锁针空间，3个5锁针链）C线断线，固定，藏线头。

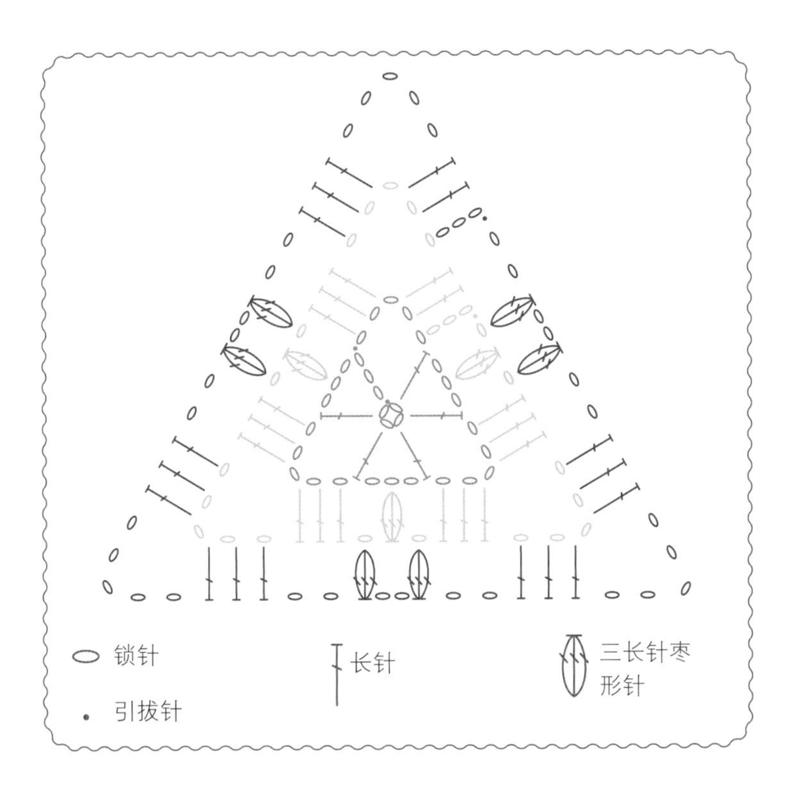

钩针： 3.50mm

线： 细线
A线：N75
B线：N76
C线：N85
（线号对应的颜色请参考第5页）

完成尺寸： 11cm

三长针枣形针： 绕线，钩针插入指定的针目或空间，拉出线圈，绕线，将钩针拉过钩针上的2个线圈，［绕线，将钩针插入同一针目或空间，拉出线圈，绕线，将钩针拉过钩针上的2个线圈］重复2次（现在钩针上有4个线圈），绕线，将钩针同时拉过4个线圈。

图案47

图案钩编说明

基础圈： 使用A线，起4锁针；用引拔针连接成环。

第1圈：（正面）3锁针（算作1长针，后面也是如此），在锁针环中钩15长针；用引拔针连接开始3锁针的第3针。（16长针）

第2圈： 3锁针，在接线的同一针目中钩1长针，［在下一长针上钩2长针］钩完整圈；用引拔针连接开始3锁针的第3针。（32长针）

第3圈： 1锁针（不算作第一针），在接线的同一针目中钩1短针，11锁针，在下一长针中钩1短针，★在下一长针上钩1短针，11锁针，在下一长针上钩1短针；从★开始重复钩完整圈；用引拔针连接第一个短针。（32短针，16个11锁针链）A线断线，固定，藏线头。

第4圈： 正面朝上，用引拔针将B线接入任意11锁针链，3锁针，在同一锁针链上钩（2长针，3锁针，3长针），［在下一锁针链钩（3长针，3锁针，3长针）］钩完整圈；用引拔针连接开始3锁针的第3针。（16个贝壳针）断线，固定，藏线头。

钩针： 3.50mm

线： 细线
A线：N06
B线：N03
（线号对应的颜色请参考第5页）

完成尺寸： 14cm

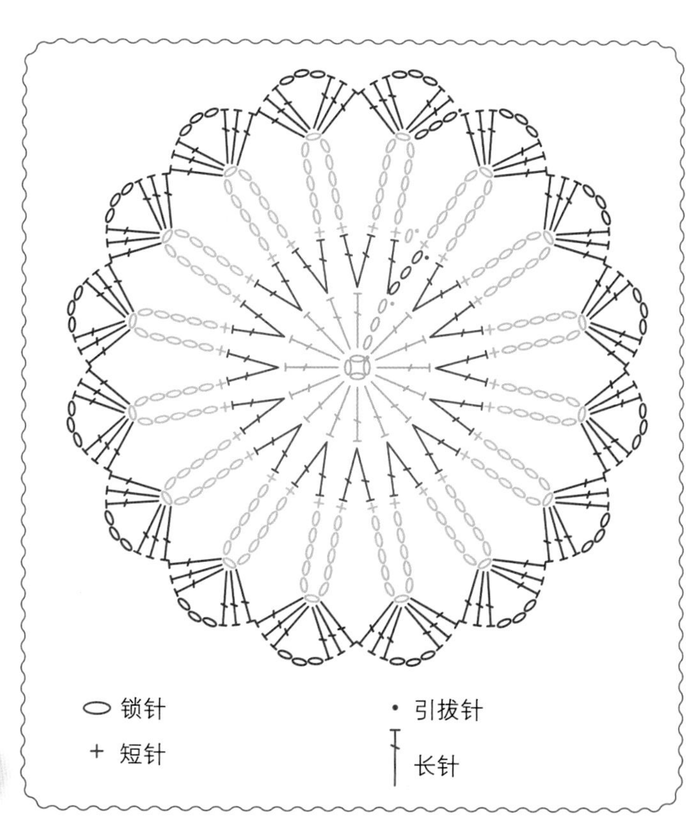

N 03
Art.302
DMC
www.dmc.com
Natura
Just Cotton
Boîte à Couture
410
2.5mm

图案48

图案钩编说明

基础圈：使用A线，起4锁针；用引拔针连接成环。

第1圈：（正面）5锁针（算作1长针和2锁针），［在锁针环中钩1长针，2锁针］11次；用引拔针连接开始5锁针的第3针。（12长针，12个2锁针空间）

第2圈：在下个2锁针空间内钩引拔针，4锁针（作为第一个长长针），★绕线2次，将钩针插入同一空间，拉出线圈，［绕线，将钩针拉过钩针上的2个线圈］2次，从★开始再重复1次（钩针上有3个线圈），绕线并将钩针拉过所有3个线圈（首个三长长针枣形针完成），［5锁针，在下个2锁针空间内钩1个三长长针枣形针］11次，5锁针，并将毛线引拔到下一圈的开始处。（12个枣形针，12个5锁针链）

第3圈：3锁针（算作1长针），绕线，将钩针插入接线处下面的5锁针链，拉出线圈，绕线，将钩针拉过钩针上的2个线圈（钩针上有3个线圈），绕线并将钩针一次拉过所有3个线圈（首个两长针枣形针完成），3锁针，在同一锁针链上钩1个两长针枣形针，5锁针，★在下个5锁针链上钩（1个两长针枣形针，3锁针，1个两长针枣形针），5锁针；从★开始重复钩完整圈；用引拔针连接开始3锁针的第3针。（24个枣形针，12个3锁针空间，12个5锁针链）断线，固定，藏线头。

钩针：3.50mm

线：细线
A线：N03
（线号对应的颜色请参考第5页）

完成尺寸：12cm

两长针枣形针：在钩针上绕线，将钩针插入指定的针目或空间，拉出线圈，钩针上绕线，将钩针拉过钩针上的2个线圈，绕线，将钩针插入同一针目或空间，拉出线圈，绕线，将钩针拉过钩针上的2个线圈（现在钩针上有3个线圈），绕线并将钩针拉过所有3个线圈。

三长长针枣形针：在钩针上绕线2圈，将钩针插入指定的针目或空间，拉出线圈（现在钩针上有4个线圈），［绕线，将钩针拉过钩针上的2个线圈］2次（现在钩针上有2个线圈），★在钩针上绕线2次，将钩针插入前次同一针目或空间，拉出线圈，［绕线，将钩针拉过钩针上的2个线圈］2次，从★开始重复1次（现在钩针上有4个线圈），绕线，将钩针同时拉过这4个线圈。

要点：一圈中的首个枣形针，与一圈中的其他枣形针起针方式不同。首个枣形针针法包含在图案钩编说明中。一圈中的其他枣形针，参照上述说明。

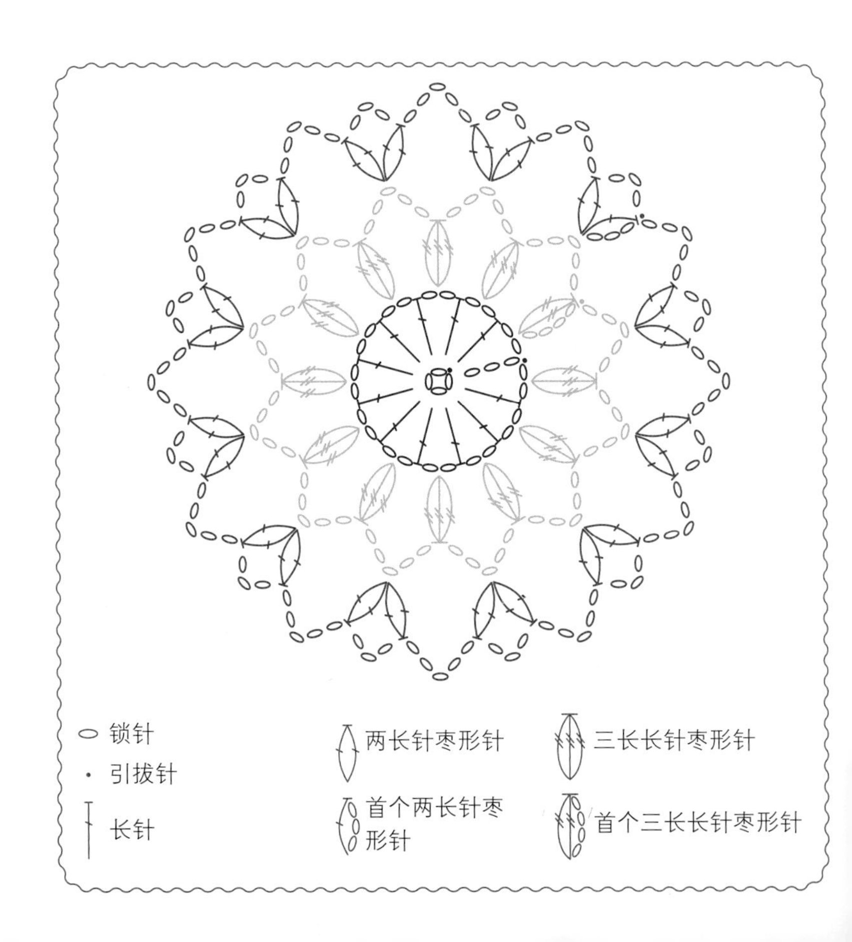

图案49

图案钩编说明

基础圈：使用A线，起4锁针；用引拔针连接成环。

第1圈：（正面）4锁针（算作1长针和1锁针，后面也是如此），［在锁针环中钩1长针，1锁针］11次；用引拔针连接开始4锁针的第3针。（12长针，12个1锁针空间）

第2圈：3锁针（算作1长针），绕线，将钩针插入接线处的针目，拉出线圈，绕线，将钩针拉过钩针上的2个线圈（钩针上有2个线圈），绕线并将钩针一次拉过所有线圈（首个两长针枣形针完成），7锁针，［在下一长针上钩1个两长针枣形针，5锁针］2次，★在下一长针上钩1个两长针枣形针，7锁针，［在下一长针上钩1个两长针枣形针，5锁针］2次；从★开始重复钩完整圈；用引拔针连接开始3锁针的第3针。（12个枣形针，8个5锁针链，4个7锁针空间）

第3圈：在下个7锁针空间内钩引拔针，4锁针，在同一锁针链上钩（1长针，［1锁针，1长针］5次），5锁针，［在下个5锁针链上钩1短针，5锁针］2次，★在下个7锁针空间上钩（1长针，［1锁针，1长针］6次），5锁针，［在下个5锁针链上钩1短针，5锁针］2次；从★开始重复钩完整圈；用引拔针连接开始4锁针的第3针。（28长针，24个1锁针空间，8短针，12个5锁针链）

第4圈：4锁针，在下一长针上钩1长针，［1锁针，在下一长针上钩1长针］5次，5锁针，跳过下个5锁针链，在下个5锁针链上钩1短针，5锁针，跳过下个5锁针链，★在下一长针上钩1长针，［1锁针，在下一长针上钩1长针］6次，5锁针，跳过下个5锁针链，在下个5锁针链上钩1短针，5锁针，跳过下个5锁针链；从★开始重复钩完整圈；用引拔针连接开始4锁针的第3针。（28长针，24个1锁针空间，4短针，8个5锁针链）断线，固定，藏线头。

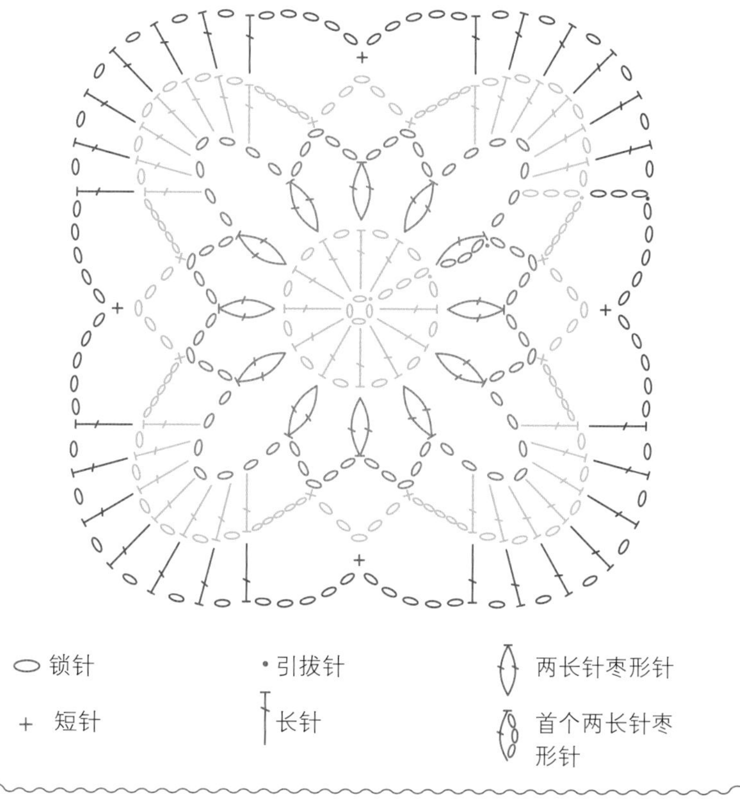

锁针　　•引拔针　　两长针枣形针

＋ 短针　　长针　　首个两长针枣形针

钩针：3.50mm

线：细线

A线：N44

（线号对应的颜色请参考第5页）

完成尺寸：12cm

两长针枣形针：在钩针上绕线，将钩针插入指定的针目或空间，拉出线圈，钩针上绕线，将钩针拉过钩针上的2个线圈，绕线，将钩针插入同一针目或空间，拉出线圈，绕线，将钩针拉过钩针上的2个线圈（现在钩针上有3个线圈），绕线并将钩针拉过所有3个线圈。

要点：一圈中的首个枣形针，与一圈中的其他枣形针起针方式不同。首个枣形针针法包含在图案钩编说明中。一圈中的其他枣形针，参照上述说明。

图案50

钩针： 3.50mm

线： 细线
A线：N03
B线：N05
C线：N06
（线号对应的颜色请参考第5页）

完成尺寸： 10cm

两长针枣形针： 在钩针上绕线，将钩针插入指定的针目或空间，拉出线圈，钩针上绕线，将钩针拉过钩针上的2个线圈，绕线，将钩针插入同一针目或空间，拉出线圈，绕线，将钩针拉过钩针上的2个线圈（现在钩针上有3个线圈），绕线并将钩针拉过所有3个线圈。

三长针枣形针： 绕线，钩针插入指定的针目或空间，拉出线圈，绕线，将钩针拉过钩针上的2个线圈，［绕线，将钩针插入同一针目或空间，拉出线圈，绕线，将钩针拉过钩针上的2个线圈］重复2次，（现在钩针上有4个线圈），绕线，将钩针同时拉过4个线圈。

要点： 一圈中的首个枣形针，与一圈中的其他枣形针起针方式不同。首个枣形针针法包含在图案钩编说明中。一圈中的其他枣形针，参照上述说明。

图案钩编说明

基础圈： 使用A线，起4锁针；用引拔针连接成环。

第1圈：（正面）3锁针（算作1长针，后面也是如此），在锁针环中钩2长针，3锁针，［在锁针环中钩3长针，3锁针］3次；用引拔针连接开始3锁针的第3针。（12长针，4个3锁针空间）A线断线，固定，藏线头。

第2圈： 正面朝上，用引拔针将B线接入任意3锁针空间，3锁针，在同一空间内钩（3长针，3锁针，4长针），1锁针，★在下个3锁针空间内钩（4长针，3锁针，4长针），1锁针；从★开始重复钩完整圈；用引拔针连接开始3锁针的第3针。（32长针，4个1锁针空间，4个3锁针空间）B线断线，固定，藏线头。

第3圈： 正面朝上，用引拔针将A线接入任意3锁针空间，3锁针，绕线，将钩针插入同一空间，拉出线圈，绕线，将钩针拉过钩针上的2个线圈（钩针上有2个线圈），绕线并将钩针一次拉过所有线圈（首个两长针枣形针完成），在同一空间中钩［3锁针，1个两长针枣形针］2次，5锁针，在下个1锁针空间中钩1短针，5锁针，★在下个3锁针空间中钩［1个两长针枣形针，（3锁针，1个两长针枣形针）2次］，5锁针，在下个1锁针空间中钩1短针，5锁针；从★开始重复钩完整圈；用引拔针连接开始3锁针的第3针。（12个枣形针，8个3锁针空间，4短针，8个5锁针链）A线断线，固定，藏线头。

第4圈： 正面朝上，用引拔针将C线接入任意3锁针空间，3锁针，［绕线，将钩针插入同一空间，拉出线圈，绕线，将钩针拉过钩针上的2个线圈］2次（钩针上有3个线圈），绕线并将钩针一次拉过所有3个线圈（首个三长针枣形针完成），3锁针，在下个3锁针空间中钩1个三长针枣形针，5锁针，［在下个5锁针链上钩1短针，5锁针］2次，★在下个3锁针空间中钩1个三长针枣形针，3锁针，在下个3锁针空间中钩1个三长针枣形针，5锁针，［在下个5锁针链上钩1短针，5锁针］2次；从★开始重复钩完整圈；用引拔针连接开始3锁针的第3针。（8个枣形针，4个3锁针空间，8短针，12个5锁针链）

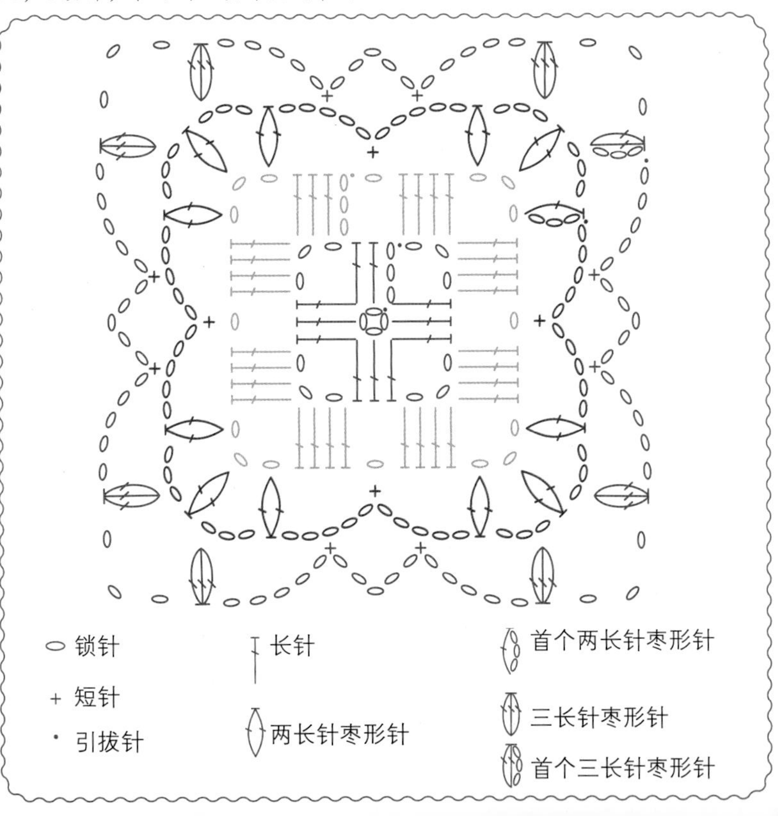

图案51

图案钩编说明

基础圈：使用A线，起4锁针；用引拔针连接成环。

第1圈：（正面）1锁针（不算作第一针），在锁针圈中钩6短针；用引拔针连接第一个短针。（6短针）

第2圈：4锁针，在接线的同一针目中钩（1个两长长针枣形针，4锁针，引拔针），★在下一短针上钩（引拔针，4锁针，1个两长长针枣形针，4锁针，引拔针）；从★开始重复钩完整圈；用引拔针连接4锁针的底部。（6个花瓣）

第3圈：8锁针（算作1长针和5锁针），跳过下个花瓣，★在花瓣之间钩1长针，5锁针，跳过下个花瓣；从★开始重复钩完整圈；用引拔针连接开始8锁针的第3针。（6长针，6个5锁针链）

第4圈：1锁针，在接线的同一针目中钩1短针，在下个5锁针链上钩（3长针，3锁针，3长针），★在下一长针上钩1短针，在下个5锁针链上钩（3长针，3锁针，3长针）；从★开始重复钩完整圈；用引拔针连接第一个短针。（6个贝壳针，6短针）

第5圈：6锁针（算作1长针和3锁针），在下个3锁针空间中钩（1个两长针枣形针，3锁针，1个两长针枣形针），3锁针，★在下一短针上钩1长针，3锁针，在下个3锁针空间中钩（1个两长针枣形针，3锁针，1个两长针枣形针），3锁针；从★开始重复钩完整圈；用引拔针连接开始3锁针的第3针。（12个枣形针，6长针，18个3锁针空间）断线，固定，藏线头。

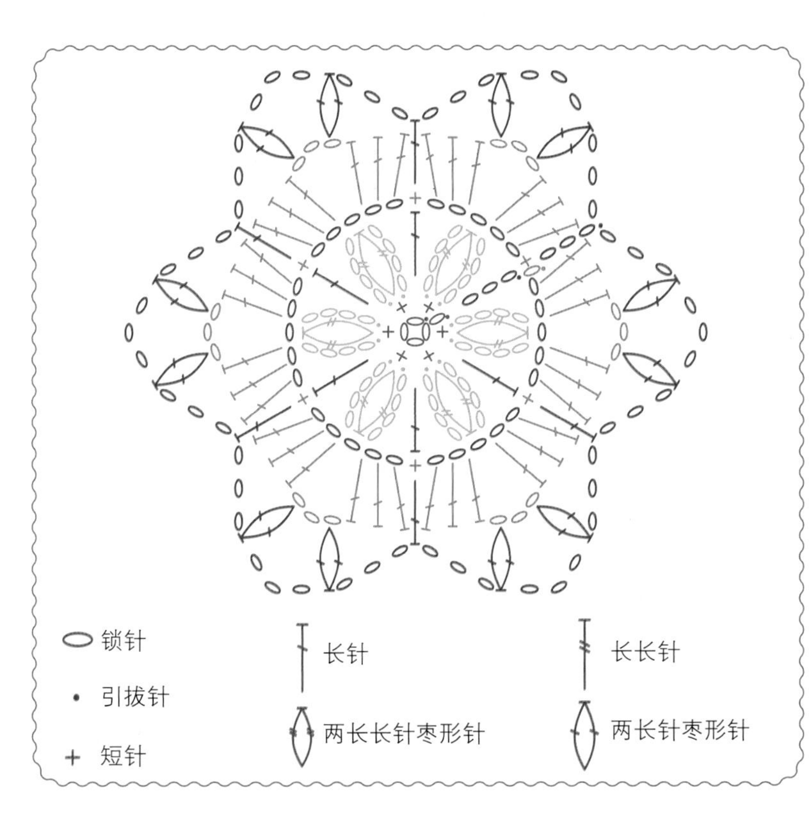

钩针：3.50mm

线：细线
A线：N05
（线号对应的颜色请参考第5页）

完成尺寸：10cm

两长针枣形针：在钩针上绕线，将钩针插入指定的针目或空间，拉出线圈，钩针上绕线，将钩针拉过钩针上的2个线圈，绕线，将钩针插入同一针目或空间，拉出线圈，绕线，将钩针拉过钩针上的2个线圈（现在钩针上有3个线圈），绕线并将钩针拉过所有3个线圈。

两长长针枣形针：绕线2次，将钩针插入指定的针目或空间，拉出线圈（钩针上4个线圈），［绕线，将钩针拉过钩针上的2个线圈］2次（钩针上有2个线圈），绕线2次，并将钩针插入同一针目或空间，拉出线圈，［绕线，将钩针拉过钩针上的2个线圈］2次（钩针上有3个线圈），绕线并将钩针一次拉过钩针上的所有3个线圈。

图案52

钩针：3.50mm

线：细线
A线：N44
（线号对应的颜色请参考第5页）

完成尺寸：8cm

两长针枣形针：在钩针上绕线，将钩针插入指定的针目或空间，拉出线圈，钩针上绕线，将钩针拉过钩针上的2个线圈，绕线，将钩针插入同一针目或空间，拉出线圈，绕线，将钩针拉过钩针上的2个线圈（现在钩针上有3个线圈），绕线并将钩针拉过所有3个线圈。

三长针玉米针：绕线，将钩针插入指定的针目或空间，拉出线圈（钩针上有3个线圈），绕线，将钩针拉过钩针上的2个线圈（钩针上有2个线圈），★绕线，将钩针插入下个针目或空间，拉出线圈，绕线，将钩针拉过钩针上的2个线圈；从★开始重复1次（钩针上有4个线圈），绕线并一次拉过钩针上所有4个线圈。

要点：一圈中的首个枣形针或玉米针，与一圈中的其他枣形针或玉米针起针方式不同。首个枣形针或玉米针针法包含在图案钩编说明中。一圈中的其他枣形针或玉米针，参照上述说明。

图案钩编说明

基础圈：使用A线，起4锁针；用引拔针连接成环。

第1圈：（正面）3锁针（算作1长针，后面也是如此），在锁针环中钩2长针，3锁针，［在锁针环中钩3长针，3锁针］3次；用引拔针连接开始3锁针的第3针。（12长针，4个3锁针空间）

第2圈：3锁针，在同一空间中钩（2长针，5锁针，3长针），1锁针，★在下个3锁针空间中钩（3长针，5锁针，3长针），1锁针；从★开始重复钩完整圈；用引拔针连接开始3锁针的第3针。（24长针，4个1锁针空间，4个5锁针链）断线，固定，藏线头。

第3圈：3锁针，［绕线，将钩针插入下一长针，拉出线圈，绕线，将钩针拉过钩针上的2个线圈］2次（钩针上有3个线圈），绕线并一次拉过所有3个线圈（首个玉米针完成），1锁针，在下个5锁针链上钩（1个两长针枣形针，1锁针，1长针，3锁针，1长针，1锁针，1个两长针枣形针），1锁针，★［1个三长针玉米针（钩在后面3长针上），1锁针］2次，在下个5锁针链上钩（1个两长针枣形针，1锁针，1长针，3锁针，1长针，1锁针，1个两长针枣形针），1锁针；从★开始再重复2次，1个三长针玉米针（钩在后面3长针上），1锁针；用引拔针连接开始3锁针的第3针。（8个枣形针，8个玉米针，8长针，20个1锁针空间，4个3锁针空间）断线，固定，藏线头。

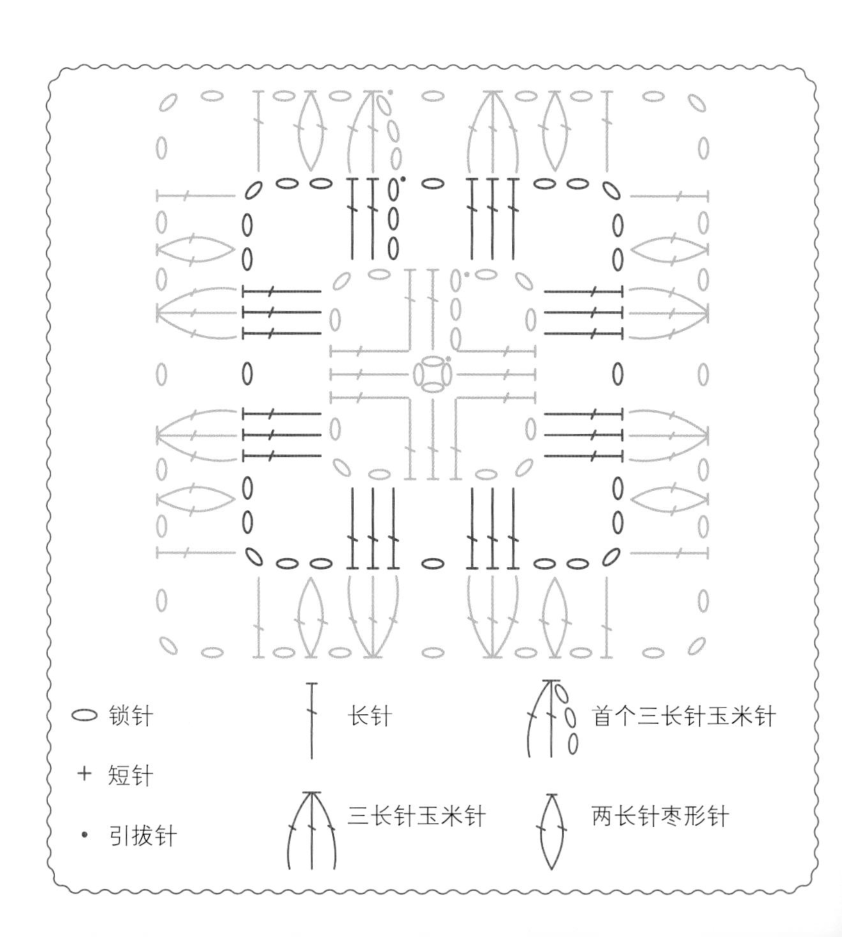

图案53

图案钩编说明

基础圈： 使用A线，起4锁针；用引拔针连接成环。

第1圈：（正面）1锁针（不算作第一针），在锁针环中钩8短针；用引拔针连接第一个短针。（8短针）

第2圈： 4锁针（作为第一个长长针），★绕线2圈，将钩针插入接线的同一针目，拉出线圈，［绕线，将钩针拉过钩针上的2个线圈］2次，从★开始重复1次（钩针上有3个线圈），绕线并将钩针一次拉过所有3个线圈（首个三长长针枣形针完成），5锁针，［在下一短针上钩1个三长长针枣形针，5锁针］钩完整圈；用引拔针连接第一个长长针（开始4锁针的第4针）。（8个枣形针，8个5锁针链）A线断线，固定，藏线头。

第3圈： 正面朝上，用引拔针将B线接入任意5锁针链，1锁针，在同一锁针链上钩1短针，5锁针，［在下个5锁针链上钩1短针，5锁针］钩完整圈；用引拔针连接第一个短针。（8短针，8个5锁针链）

第4圈： 在下个5锁针链上钩引拔针，3锁针（算作1长针），在同一锁针链上钩（2长针，1锁针，3长针），1锁针，★在同一锁针链上钩（3长针，1锁针，3长针），1锁针；从★开始重复钩完整圈；用引拔针连接开始3锁针的第3针。（48长针，16个1锁针空间）B线断线，固定，藏线头。

第5圈： 正面朝上，用引拔针将C线接入任意1锁针空间，1锁针，在同一空间内钩（1短针，3锁针，1短针），接下来的2长针上各钩1短针，跳过下一长针，★在下个1锁针空间内钩（1短针，3锁针，1短针），接下来的2长针上各钩1短针，跳过下一长针；从★开始重复钩完整圈；用引拔针连接第一个短针。（64短针，16个3锁针空间）C线断线，固定，藏线头。

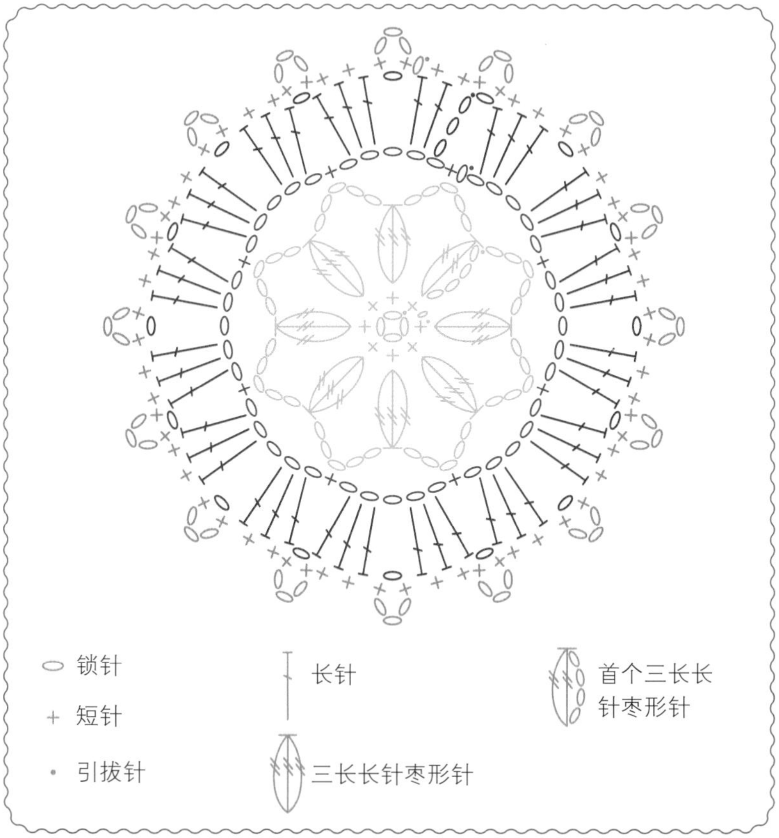

锁针

短针

引拔针

长针

三长长针枣形针

首个三长长针枣形针

钩针： 3.50mm

线： 细线

A线：N83

B线：N79

C线：N76

（线号对应的颜色请参考第5页）

完成尺寸： 10cm

三长长针枣形针： 在钩针上绕线2圈，将钩针插入指定的针目或空间，拉出线圈（现在钩针上有4个线圈），［绕线，将钩针拉过钩针上的2个线圈］2次（现在钩针上有2个线圈），★在钩针上绕线2次，将钩针插入前次同一针目或空间，拉出线圈，［绕线，将钩针拉过钩针上的2个线圈］2次，从★开始重复1次（现在钩针上有4个线圈），绕线，将钩针同时拉过这4个线圈。

要点： 一圈中的首个枣形针，与一圈中的其他枣形针起针方式不同。首个枣形针针法包含在图案钩编说明中。一圈中的其他枣形针，参照上述说明。

图案54

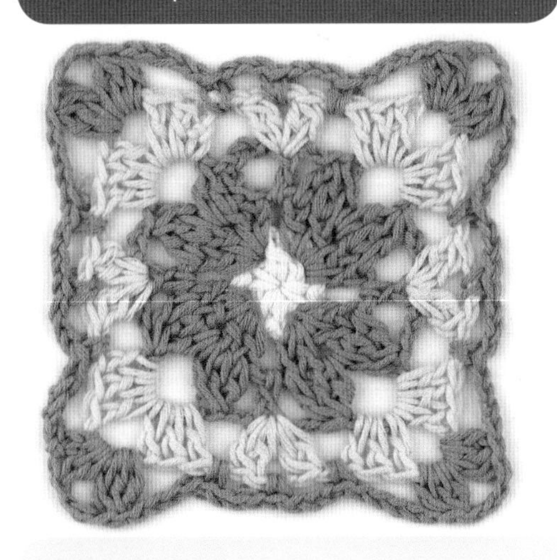

钩针： 3.50mm

线： 细线
A线：N02
B线：N46
C线：N05
（线号对应的颜色请参考第5页）

完成尺寸： 10cm

两长针枣形针： 在钩针上绕线，将钩针插入指定的针目或空间，拉出线圈，钩针上绕线，将钩针拉过钩针上的2个线圈，绕线，将钩针插入同一针目或空间，拉出线圈，绕线，将钩针拉过钩针上的2个线圈（现在钩针上有3个线圈），绕线并将钩针拉过所有3个线圈。

三长针枣形针： 绕线，钩针插入指定的针目或空间，拉出线圈，绕线，将钩针拉过钩针上的2个线圈，［绕线，将钩针插入同一针目或空间，拉出线圈，绕线，将钩针拉过钩针上的2个线圈］重复2次（现在钩针上有4个线圈），绕线，将钩针同时拉过4个线圈。

三长针玉米针： 绕线，将钩针插入指定的针目或空间，拉出线圈（钩针上有3个线圈），绕线，将钩针拉过钩针上的2个线圈（钩针上有2个线圈），★绕线，将钩针插入下个针目或空间，拉出线圈，绕线，将钩针拉过钩针上的2个线圈；从★开始重复1次（钩针上有4个线圈），绕线并一次拉过钩针上所有4个线圈。

要点： 一圈中的首个枣形针或玉米针，与一圈中的其他枣形针或玉米针起针方式不同。首个枣形针或玉米针针法包含在图案钩编说明中。一圈中的其他枣形针或玉米针，参照上述说明。

图案钩编说明

基础圈： 使用A线，起4锁针；用引拔针连接成环。

第1圈：（正面）1锁针（不算作第一针），［在锁针环中钩1短针，3锁针］4次；用引拔针连接第一个短针。（4短针，4个3锁针空间）A线断线，固定，藏线头。

第2圈： 正面朝上，用引拔针将B线接入任意3锁针空间，3锁针（算作1长针，后面也是如此），在同一空间中钩（1长针，1锁针，2长针），1锁针，★在下一空间中钩（2长针，1锁针，2长针），1锁针；从★开始重复钩完整圈；用引拔针连接开始3锁针的第3针。（16长针，8个1锁针空间）

第3圈： 3锁针，绕线，将钩针插入下一长针，拉出线圈，绕线，将钩针拉过钩针上的2个线圈，绕线，将钩针插入下个1锁针空间，拉出线圈，绕线，将钩针拉过钩针上的2个线圈（钩针上有3个线圈），绕线并将钩针一次拉过所有3个线圈（首个玉米针完成），5锁针，★1个三长针玉米针（钩在同一锁针空间和后面的2长针上），3锁针，在下个1锁针空间内钩1长针，3锁针，1个三长针玉米针，5锁针；从★开始再重复2次，1个三长针玉米针，3锁针，在下个1锁针空间内钩1长针，3锁针；用引拔针连接开始3锁针的第3针。（8个玉米针，4长针，8个3锁针空间，4个5锁针链）B线断线，固定，藏线头。

第4圈： 正面朝上，用引拔针将C线接入任意5锁针链，3锁针，在同一锁针链上钩（2长针，3锁针，3长针），1锁针，跳过下个玉米针，在下一长针上钩（1个两长针枣形针，2锁针，1个两长针枣形针），1锁针，★在下个5锁针链上钩（3长针，3锁针，3长针），1锁针，跳过下个玉米针，在下一长针上钩（1个两长针枣形针，2锁针，1个两长针枣形针），1锁针；从★开始重复钩完整圈；用引拔针连接开始3锁针的第3针。（8个枣形针，24长针，4个3锁针空间，4个2锁针空间，8个1锁针空间）C线断线，固定，藏线头。

第5圈： 正面朝上，用引拔针将B线接入任意3锁针空间，钩首个三长针枣形针，3锁针，在同一空间内钩1个三长针枣形针，5锁针，在下个1锁针空间内钩1短针，3锁针，在下个2锁针空间内钩1短针，3锁针，在下个1锁针空间内钩1短针，5锁针，★在下个3锁针空间内钩（1个三长针枣形针，3锁针，1个三长针枣形针），5锁针，在下个1锁针空间内钩1短针，3锁针，在下个2锁针空间内钩1短针，3锁针，在下个1锁针空间内钩1短针，5锁针；从★开始重复钩完整圈；用引拔针连接开始3锁针的第3针。（8个枣形针，12短针，12个3锁针空间，8个5锁针链）断线，固定，藏线头。

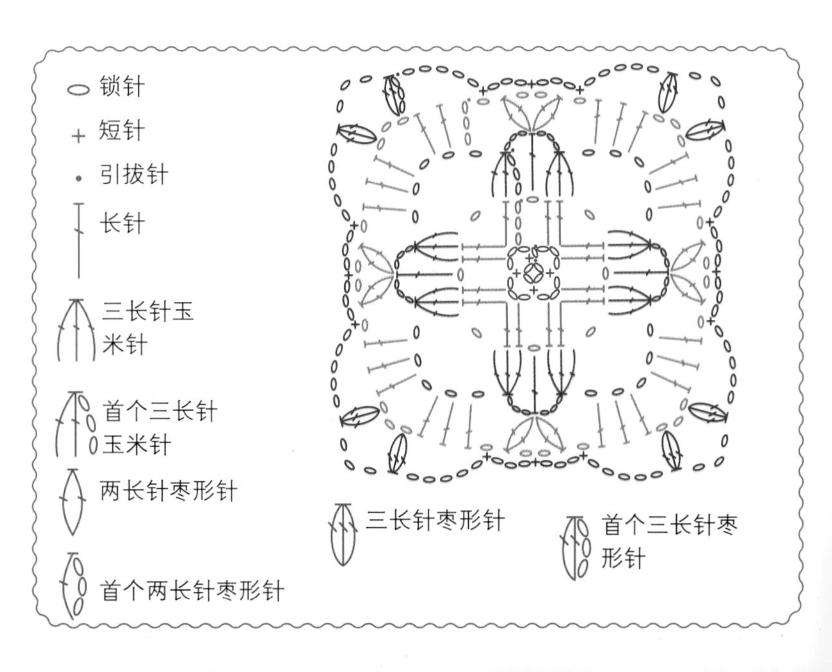

图案55

图案钩编说明

基础圈：使用A线，起4锁针；用引拔针连接成环。

第1圈：（正面）1锁针（不算作第一针），在锁针环中钩12短针；用引拔针连接第一个短针。（12短针）

第2圈：1锁针，在接线的同一针目中钩1短针，5锁针，跳过下一短针，★在下一短针上钩1短针，5锁针，跳过下一短针；从★开始重复钩完整圈；用引拔针连接第一个短针。（6短针，6个5锁针链）A线断线，固定，藏线头。

第3圈：正面朝上，用引拔针将B线接入任意5锁针链，1锁针，在同一锁针链上钩（1短针，1中长针，3长针，1中长针，1短针），★在下个5锁针链上钩（1短针，1中长针，3长针，1中长针，1短针）；从★开始重复钩完整圈；用引拔针连接第一个短针。（6个花瓣）

第4圈：1锁针，在花瓣之间的空间内钩1短针，7锁针，跳过下个花瓣，★在下个花瓣之间的空间内钩1短针，7锁针，跳过下个花瓣；从★开始重复钩完整圈；用引拔针连接第一个短针。（6短针，6个7锁针链）B线断线，固定，藏线头。

第5圈：正面朝上，用引拔针将C线接入任意7锁针链，1锁针，在同一锁针链上钩（1短针，1中长针，5长针，1中长针，1短针），★在下一锁针链上钩（1短针，1中长针，5长针，1中长针，1短针）；从★开始重复钩完整圈；用引拔针连接第一个短针。（6个花瓣）C线断线，固定，藏线头。

第6圈：正面朝上，用D线在花瓣间的空间内钩引拔针，4锁针（算作1长针和1锁针），在同一空间内钩1长针，3锁针，在五长针组的第3个（中间一个）长针上钩1短针，3锁针，★在下个花瓣间的空间内钩（1长针，1锁针，1长针），3锁针，在下一五长针组的中间长针上钩1短针，3锁针；从★开始重复钩完整圈；用引拔针连接开始4锁针的第3针。（12长针，6个1锁针空间，6短针，12个3锁针空间）

第7圈：在第一个1锁针空间内钩引拔针，3锁针（算作1长针），［绕线，将钩针插入同一空间内，拉出线圈，绕线，将钩针拉过钩针上的2个线圈］2次（钩针上有3个线圈），绕线并一次拉过所有3个线圈（首个三长针枣形针完成），3锁针，在同一空间内钩1个三长针枣形针，在后面2个3锁针空间内各钩3长针，★在下个1锁针空间中钩（1个三长针枣形针，3锁针，1个三长针枣形针），在后面2个3锁针空间内各钩3长针；从★开始重复钩完整圈；用引拔针连接开始3锁针的第3针。（12个枣形针，36长针，12个3锁针空间）D线断线，固定，藏线头。

钩针：3.50mm

线：细线
A线：N75
B线：N83
C线：N76
D线：N47
（线号对应的颜色请参考第5页）

完成尺寸：11cm

三长针枣形针：绕线，钩针插入指定的针目或空间，拉出线圈，绕线，将钩针拉过钩针上的2个线圈，［绕线，将钩针插入同一针目或空间，拉出线圈，绕线，将钩针拉过钩针上的2个线圈］重复2次（现在钩针上有4个线圈），绕线，将钩针同时拉过4个线圈。

要点：一圈中的首个枣形针，与一圈中的其他枣形针起针方式不同。首个枣形针针法包含在图案钩编说明中。一圈中的其他枣形针，参照上述说明。

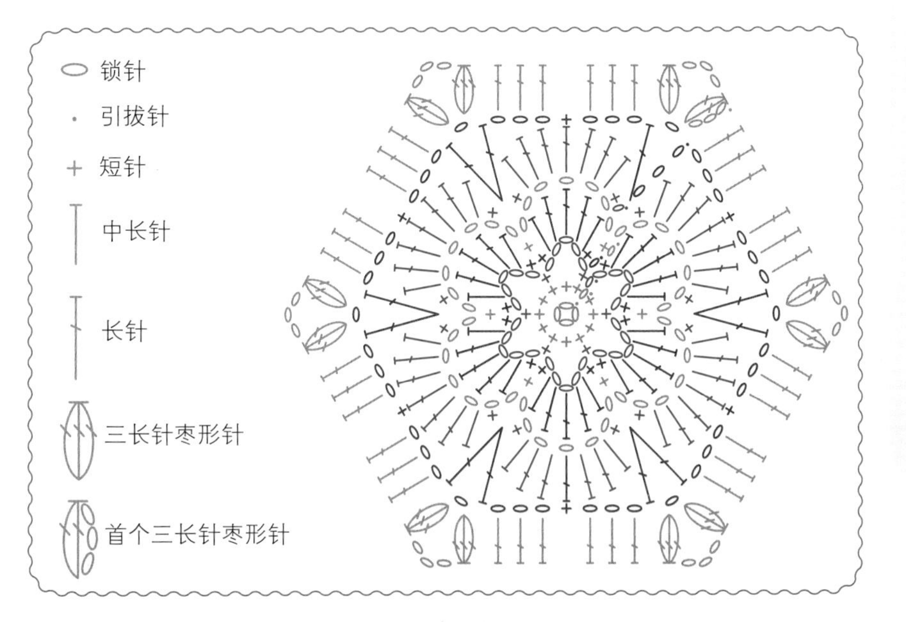

图案56

钩针：3.50mm

线：细线
A线：N35
B线：N76
C线：N87
D线：N38
（线号对应的颜色请参考第5页）

完成尺寸：8cm

图案钩编说明

基础圈：使用A线，起4锁针；用引拔针连接成环。

第1圈：（正面）4锁针（算作1长针和1锁针），［在锁针环内钩1长针，1锁针］7次；用引拔针连接开始4锁针的第3针。（8长针，8个1锁针空间）A线断线，固定，藏线头。

第2圈：正面朝上，用引拔针将B线接入任意1锁针空间，1锁针（不算作第一针），在同一空间内钩（1短针，3锁针，1短针），［在下个1锁针空间中钩（1短针，3锁针，1短针）］钩完整圈；用引拔针连接第一个短针。（16短针，8个3锁针空间）B线断线，固定，藏线头。

第3圈：正面朝上，用引拔针将C线接入任意3锁针空间，3锁针（算作1长针），在同一空间中钩（1长针，3锁针，2长针），2锁针，在下个3锁针空间中钩1长针，2锁针，★在下个空间中钩（2长针，3锁针，2长针），2锁针，在下个空间中钩1长针，2锁针；从★开始重复钩完整圈；用引拔针连接开始3锁针的第3针。（20长针，16个2锁针空间，4个3锁针空间）C线断线，固定，藏线头。

第4圈：正面朝上，用引拔针将D线接入任意3锁针空间，1锁针，在同一空间内钩（1短针，3锁针，1短针），在后面2长针上钩2短针，［在下个2锁针空间中钩（1短针，3锁针，1短针）］2次，后面2长针上钩2短针，★在下个3锁针空间中钩（1短针，3锁针，1短针），后面2长针上钩2短针，［在下个2锁针空间中钩（1短针，3锁针，1短针）］2次，后面2长针上钩2短针；从★开始重复钩完整圈；用引拔针连接第一个短针。（40短针，12个3锁针空间）D线断线，固定，藏线头。

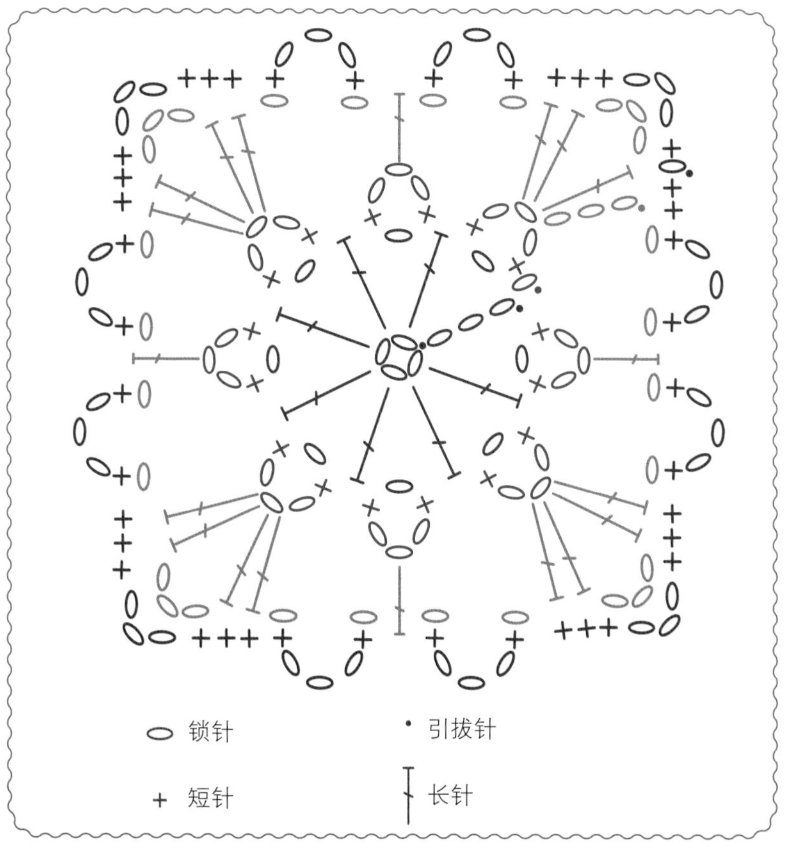

图案57

图案钩编说明

基础圈：使用A线，起4锁针；用引拔针连接成环。

第1圈：（正面）5锁针（算作1长针和2锁针），［在锁针环中钩1长针，2锁针］7次；用引拔针连接开始5锁针的第3针。（8长针，8个2锁针空间）A线断线，固定，藏线头。

第2圈：正面朝上，用引拔针将B线接入任意2锁针空间，3锁针（算作1长针，后面也是如此），绕线，将钩针插入同一空间，拉出线圈，绕线，将钩针拉过钩针上的2个线圈（钩针上有2个线圈），绕线并一次拉过钩针上的所有线圈（首个两长针枣形针完成），1锁针，在同一空间内钩1个两长针枣形针，1锁针，⋆在下个空间内钩（1个两长针枣形针，1锁针，1个两长针枣形针），1锁针；从⋆开始重复钩完整圈；用引拔针连接开始3锁针的第3针。（16个枣形针，16个1锁针空间）B线断线，固定，藏线头。

第3圈：正面朝上，用引拔针将C线接入任意1锁针空间，1锁针（不算作第一针，），在同一空间内钩1短针，3锁针，⋆在下一空间内钩1短针，3锁针；从⋆开始重复钩完整圈；用引拔针连接第一个短针。（16短针，16个3锁针空间）C线断线，固定，藏线头。

第4圈：正面朝上，用引拔针将D线接入任意3锁针空间，3锁针，在同一空间内钩2长针，1锁针，⋆在下个空间内钩3长针，1锁针；从⋆开始重复钩完整圈；用引拔针连接开始3锁针的第3针。（48长针，16个1锁针空间）D线断线，固定，藏线头。

第5圈：正面朝上，用引拔针将B线接入任意1锁针空间，1锁针，在同一空间内钩1短针，5锁针，⋆在下个空间内钩1短针，5锁针；从⋆开始重复钩完整圈；用引拔针连接第一个短针。（16短针，16个5锁针链）B线断线，固定，藏线头。

第6圈：正面朝上，用引拔针将E线接入任意5锁针链，1锁针，在同一空间内钩（2短针，3锁针，2短针），⋆在下个5锁针链上钩（2短针，3锁针，2短针）；从⋆开始重复钩完整圈；用引拔针连接第一个短针。（64短针，16个3锁针空间）E线断线，固定，藏线头。

钩针：3.50mm

线：细线

A线：N85

B线：N79

C线：N25

D线：N47

E线：N31

（线号对应的颜色请参考第5页）

完成尺寸：12cm

两长针枣形针：在钩针上绕线，将钩针插入指定的针目或空间，拉出线圈，钩针上绕线，将钩针拉过钩针上的2个线圈，绕线，将钩针插入同一针目或空间，拉出线圈，绕线，将钩针拉过钩针上的2个线圈（现在钩针上有3个线圈），绕线并将钩针拉过所有3个线圈。

要点：一圈中的首个枣形针，与一圈中的其他枣形针起针方式不同。首个枣形针针法包含在图案钩编说明中。一圈中的其他枣形针，参照上述说明。

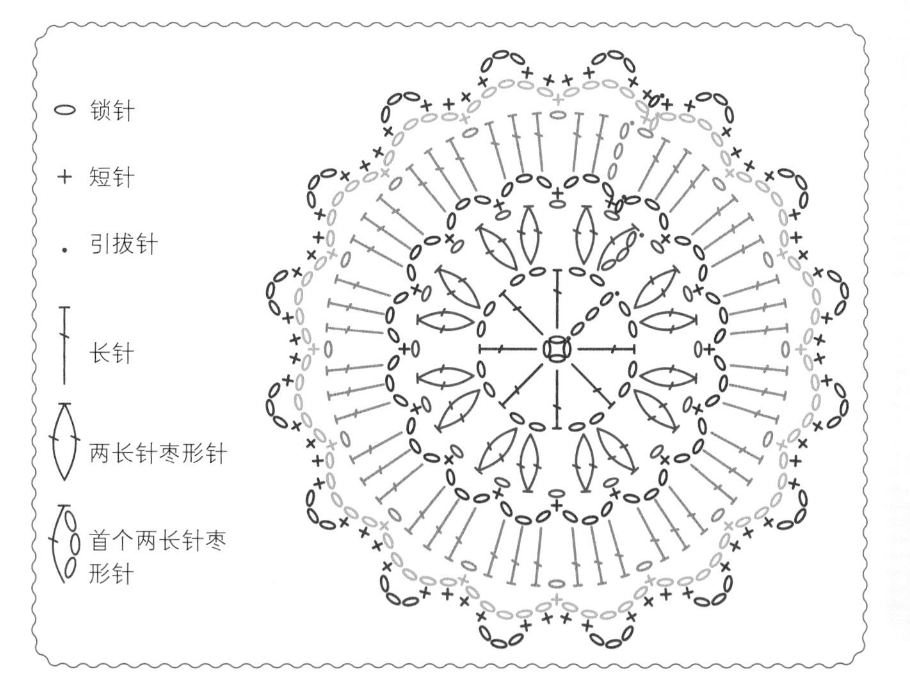

图案58

钩针： 3.50mm

线： 细线
A线：N79
B线：N83
C线：N44
D线：N47
E线：N25
（线号对应的颜色请参考第5页）

完成尺寸： 12cm

爆米花针： 在同一指定的针目或空间内钩4长针，将钩针抽出，再将钩针从前到后插入第一个长针中，将之前褪掉的线圈拉出。

要点： 一圈中的首个爆米花针，与一圈中的其他爆米花针起针方式不同。首个爆米花针针法包含在图案钩编说明中。一圈中的其他爆米花针，参照上述说明。

图案钩编说明

基础圈： 使用A线，起4锁针；用引拔针连接成环。

第1圈：（正面）1锁针（不算作第一针），在锁针环中钩8短针；用引拔针连接第一个短针。（8短针）A线断线，固定，藏线头。

第2圈： 正面朝上，在任意短针中用引拔针加入B线，3锁针（算作1长针，后面也是如此），在同一针目中钩3长针，钩针从线圈中抽出，将钩针从前到后插入开始3锁针的第3针，钩起之前褪掉的线圈将其拉出（首个爆米花针完成），2锁针，★在下一短针中钩1个爆米花针，2锁针；从★开始重复钩完整圈；用引拔针连接开始3锁针的第3针。（8个爆米花针，8个2锁针空间）B线断线，固定，藏线头。

第3圈： 正面朝上，用引拔针将C线接入任意2锁针空间，3锁针，在同一空间内钩3长针，1锁针，★在下个2锁针空间内钩4长针，1锁针；从★开始重复钩完整圈；用引拔针连接开始3锁针的第3针。（32长针，8个1锁针空间）C线断线，固定，藏线头。

第4圈： 正面朝上，用引拔针将D线接入任意1锁针空间，1锁针，在同一空间内钩1短针，5锁针，★在下个1锁针空间内钩1短针，5锁针；从★开始重复钩完整圈；用引拔针连接第一个短针。（8短针，8个5锁针链）D线断线，固定，藏线头。

第5圈： 正面朝上，用引拔针将C线接入任意5锁针链，3锁针，在同一锁针链上钩4长针，1锁针，★在下一锁针链上钩5长针，1锁针；从★开始重复钩完整圈；用引拔针连接开始3锁针的第3针。（40长针，8个1锁针空间）C线断线，固定，藏线头。

第6圈： 正面朝上，用引拔针将D线接入任意五长针组的中间一长针，1锁针，在同一针目中钩1短针，3锁针，跳过后面2长针，在下个1锁针空间内钩1短针，3锁针，跳过后面2长针，★在下个（中间）长针上钩1短针，3锁针，跳过后面2长针，在下个1锁针空间内钩1短针，3锁针，跳过后面2长针；从★开始重复钩完整圈；用引拔针连接第一个短针。（16短针，16个3锁针空间）D线断线，固定，藏线头。

第7圈： 正面朝上，用引拔针将E线接入任意3锁针空间，1锁针，在同一空间内钩（2短针，3锁针，2短针），★在下个3锁针空间内钩（2短针，3锁针，2短针）；从★开始重复钩完整圈；用引拔针连接第一个短针。（64短针，16个3锁针空间）断线，固定，藏线头。

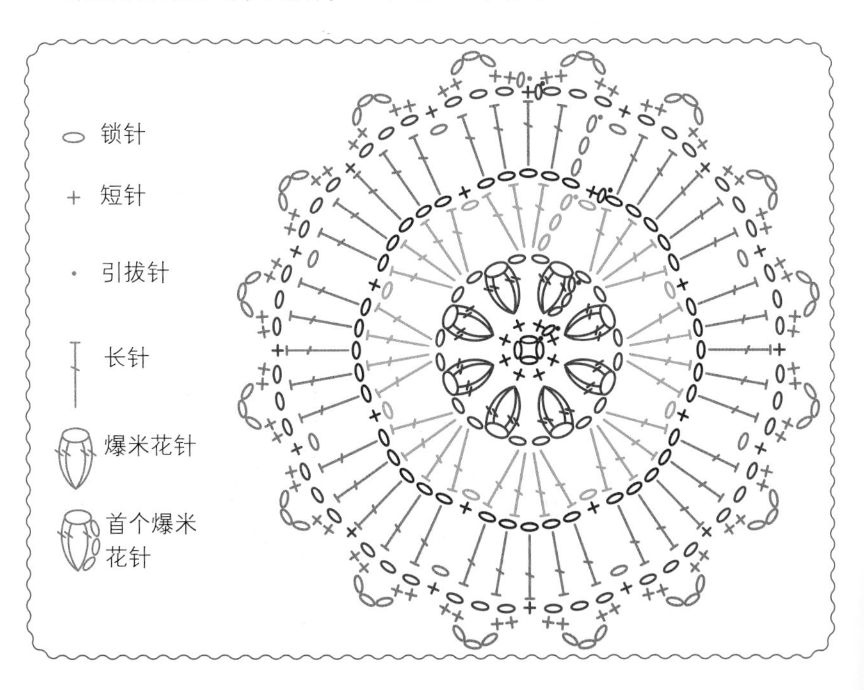

图案59

钩针：3.50mm

线：细线
A线：N76
B线：N05
C线：N31
D线：N49
E线：N06
（线号对应的颜色请参考第5页）

完成尺寸：10cm

三长针枣形针：绕线，钩针插入指定的针目或空间，拉出线圈，绕线，将钩针拉过钩针上的2个线圈，［绕线，将钩针插入同一针目或空间，拉出线圈，绕线，将钩针拉过钩针上的2个线圈］重复2次（现在钩针上有4个线圈），绕线，将钩针同时拉过4个线圈。

三长长针枣形针：在钩针上绕线2圈，将钩针插入指定的针目或空间，拉出线圈（现在钩针上有4个线圈），［绕线，将钩针拉过钩针上的2个线圈］2次（现在钩针上有2个线圈），★在钩针上绕线2次，将钩针插入前次同一针目或空间，拉出线圈，［绕线，将钩针拉过钩针上的2个线圈］2次，从★开始重复1次（现在钩针上有4个线圈），绕线，将钩针同时拉过这4个线圈。

图案钩编说明

基础圈：使用A线，起4锁针；用引拔针连接成环。

第1圈：（正面）1锁针（不算作第一针），在锁针环中钩8短针；用引拔针连接第一个短针。（8短针）A线断线，固定，藏线头。

第2圈：正面朝上，在任意短针中用引拔针加入B线，1锁针，在同一针目中钩1短针，4锁针，在下一短针中钩1个三长长针枣形针，4锁针，★在下一短针上钩1短针，4锁针，在下一短针中钩1个三长长针枣形针，4锁针；从★开始重复钩完整圈；用引拔针连接第一个短针。（4个枣形针，4短针，8个4锁针链）B线断线，固定，藏线头。

第3圈：正面朝上，在任意短针中用引拔针加入C线，8锁针（算作1长针和5锁针，后面也是如此），在下个枣形针上钩1短针，5锁针，★在下一短针上钩1长针，5锁针，在下个枣形针上钩1短针，5锁针；从★开始重复钩完整圈；用引拔针连接开始8锁针的第3针。（4长针，4短针，8个5锁针链）C线断线，固定，藏线头。

第4圈：正面朝上，在任意短针中用引拔针加入D线，8锁针（算作1长针和5锁针），在同一短针中钩1长针，3锁针，在下个5锁针链上钩1短针，3锁针，在下一长针上钩1个三长针枣形针，3锁针，在下个5锁针链上钩1短针，3锁针，★在下一短针上钩（1长针，5锁针，1长针），3锁针，在下个5锁针链上钩1短针，3锁针，在下一长针上钩1个三长针枣形针，3锁针，在下个5锁针链上钩1短针，3锁针；从★开始重复钩完整圈；用引拔针连接开始8锁针的第3针。（4个枣形针，8长针，8短针，16个3锁针空间，4个5锁针链）D线断线，固定，藏线头。

第5圈：正面朝上，用引拔针将E线接入任意5锁针链，1锁针，在同一锁针链上钩（2短针，5锁针，2短针），［在下个3锁针空间中钩（1短针，3锁针，1短针）］4次，★在下个5锁针链上钩（2短针，5锁针，2短针），［在下个3锁针空间中钩（1短针，3锁针，1短针）］4次；从★开始重复钩完整圈；用引拔针连接第一个短针。（48短针，16个3锁针空间，4个5锁针链）E线断线，固定，藏线头。

图案60

图案钩编说明

基础圈：使用A线，起4锁针；用引拔针连接成环。

第1圈：（正面）6锁针（算作1长针和3锁针，后面也是如此），［在锁针环中钩1长针，3锁针］5次；用引拔针连接开始6锁针的第3针。（6长针，6个3锁针空间）

第2圈：在第一个3锁针空间中钩引拔针，3锁针（算作1长针，后面也是如此），在同一个空间内钩3长针，3锁针，［在下个3锁针空间中钩4长针，3锁针］钩完整圈；用引拔针连接开始3锁针的第3针。（24长针，6个3锁针空间）

第3圈：6锁针，跳过下一长针组，［在下个3锁针空间内钩（2长针，3锁针，2长针），3锁针］5次，在最后一个3锁针空间内钩（2长针，3锁针，1长针）；用引拔针连接开始6锁针的第3针。（24长针，12个3锁针空间）

第4圈：在第一个3锁针空间中钩引拔针，3锁针，在同一空间内钩3长针，1锁针，在下个3锁针空间内钩（2长针，3锁针，2长针），1锁针，★在下个3锁针空间内钩4长针，1锁针，在下个3锁针空间内钩（2长针，3锁针，2长针），1锁针；从★开始重复钩完整圈；用引拔针连接开始3锁针的第3针。（48长针，6个3锁针空间，12个1锁针空间）

第5圈：1锁针（不算作第一针），在接线的同一针目中钩1短针，［在下个针目或空间中钩1短针］钩完整圈，在每个转角处的3锁针空间中钩3短针；用引拔针连接第一个短针。（78短针）断线，固定，藏线头。

第6圈：正面朝上，用引拔针将B线接入任意短针，1锁针，在每短针上钩1短针，钩完整圈；用引拔针连接第一个短针。（78短针）B线断线，固定，藏线头。

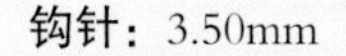

钩针：3.50mm

线：细线
A线：N25
B线：N75
（线号对应的颜色请参考第5页）

完成尺寸：12cm

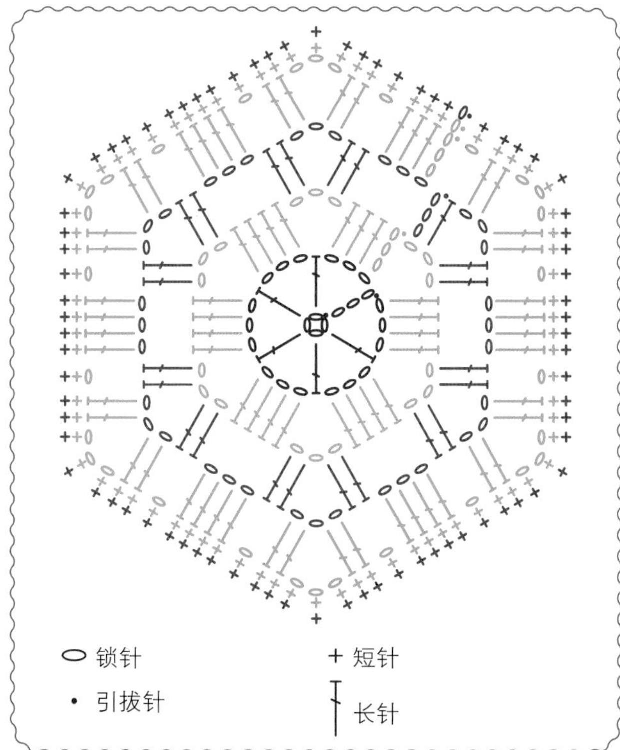

钩编实用小物

N20
Natura
N25
N49
Art: 302
Lot 28
DMC
Natura XL
Just Cotton
Lot 09
DMC
Natura XL
Just Cotton

夏日提包

钩针：5.00mm

线：粗线
A线：73、91
B线：82
C线：07
（线号对应的颜色请参考第5页）

提手
里布

完成尺寸： 40cm×40cm

这个作品使用了20页的花片图案1

花片钩编说明

根据图案1的钩编说明，使用下面的配色方案钩出18个花片。

花片 1：钩9片
A线：N73
B线：N82

花片 2：钩9片
A线：N91
B线：N83

排列花片
参考照片和示意图排列花片。
花片正面朝上，将花片按3×3的格式排列（组成提包的一面），花片1和花片2交替摆放。另外9片以相同方式排列（组成提包的另一面）。

示意图：夏日提包的花片排列

组合花片
提包的两面花片排列方式相同，先横向连接组合。
♥将前两片花片拿在一起，正面朝上（反面相对），两层花片一起钩，针目相对，只钩后半针，使用C线，用引拔针接入转角处3锁针的中间一针，1锁针，在同一锁针中钩1短针，*每个针目或锁针中钩1短针，直至另一个转角处的3锁针的中间一针**，拿出另两片花片，从转角处3锁针的中间一针开始至另外一个转角，从*开始重复，在最后一次重复时至**结束，完成横向整行的连接。断线，固定，藏线头。
重复♥部分 完成其他横向连接。
重复♥部分 完成两条纵向连接。
提包另一面花片连接方法相同。

连接提包
将拼缝好的两片包身反面相对叠放在一起，正面朝上，使用相同的连接方法，从一个转角处开始，连接3条边，在2个转角处都钩（1短针，1锁针，1短针）。不要断线。

钩编包口
第1圈：正面朝上，1锁针（不算作第一针，后面也是如此），只钩包口1圈的单层，在每个针目或锁针的后半针中钩1短针，钩完整圈；用引拔针连接第一个短针。
第2圈：1锁针，钩针穿过每个针目的2个半针，每短针上钩1短针，钩完整圈；用引拔针连接第一个短针。断线，固定，藏线头。
将里布缝在提包的内侧，并装好提手。

裙子

钩针： 3.50mm

线： 细线
A线：N51
B线：N85、N75
C线：N74
D线：N05
E线：N64
（线号对应的颜色请参考第5页）

腰带上打蝴蝶结的丝带或抽绳

完成尺寸： 42cm×53cm

这个作品使用22页上的花片图案2

花片钩编说明

根据图案2的钩编说明，使用下面的配色方案钩出84个花片。

花片1：钩42片
A线：N51
B线：N85
C线：N74

花片2：钩42片
A线：N51
B线：N75
C线：N74

排列花片
参考照片和示意图排列花片。
正面朝上，使用42个花片，横向6片、竖向7片排列花片（裙子前片和后片的排列相同），交替排列花片1和花片2。同样方法排列后面42片花片，以保证裙子前、后片面图案相同。

示意图：裙子前、后片的花片排列（做2份）

组合花片
前片、后片相同，先横向连接组合。
♥拿出两片花片重叠，正面向上（背面相对），两层花片一起钩。针目相对，只钩后半针，使用D线，用引拔针接入转角处2锁针空间，1锁针，在同一个空间中钩1短针，*每个针目或锁针中钩1短针直至另一个转角处的锁针空间**，拿出另两片花片，从转角处2锁针空间开始，从*开始重复，在最后一次重复时至**结束，完成横向整行的连接。断线，固定，藏线头。
重复♥部分 完成其他横向连接。
重复♥部分 完成所有纵向连接。
裙子的另一片花片连接方法相同。

连接裙子
将拼缝好的两片裙身叠放在一起，正面朝上，使用相同的连接方法，从一个转角处开始，连接裙子的长度方向（7个花片）。断线，固定，藏线头。
重复完成裙子另一侧的接缝。

裙口腰带
第1圈： 正面朝上，钩编裙子上部裙口处，用引拔针将D线接入2锁针空间，1锁针（不算作第一针，后面也是如此），在同一空间内钩2短针，［在下个2锁针空间内钩2短针］钩完整圈；用引拔针连接第一个短针。D线断线，固定，藏线头。
第2圈： 正面朝上，用引拔针将C线接入任意短针，1锁针，在同一针目内钩1短针，［在下一短针内钩1短针］钩完整圈；用引拔针连接第一个短针。
第3圈、第4圈： 1锁针，在每短针内钩1短针，钩完整圈；用引拔针连接第一个短针。
第5圈： 3锁针（算作1长针），［在下一短针内钩1长针］钩完整圈；用引拔针连接开始3锁针的第3针。
第6圈、第7圈： 重复第3圈、第4圈。
在第7圈的结尾，C线断线，固定，藏线头。
将丝带或抽绳穿入第5圈钩编的长针的间隙中，并在前侧系蝴蝶结。

裙边
第1圈： 正面朝上，在裙摆底部钩编，用引拔针将C线接入任意针目或空间，1锁针（不算作第一针，后面也是如此），在同一针目中钩1短针，［在下个针目或空间中钩1短针］钩完整圈；用引拔针连接第一个短针。
第2圈： 1锁针，在每个短针中钩1短针，钩完整圈；用引拔针连接第一个短针。C线断线，固定，藏线头。
第3圈： 正面朝上，用引拔针将E线接入任意短针，1锁针，在同一个针目中钩1短针，在接下来两短针中各钩1短针，在下一短针中钩（1短针，3锁针，1短针），*在接下来三短针中各钩1短针，在下一短针中钩（1短针，3锁针，1短针）；从★开始重复钩完整圈；用引拔针连接第一个短针。E线断线，固定，藏线头。

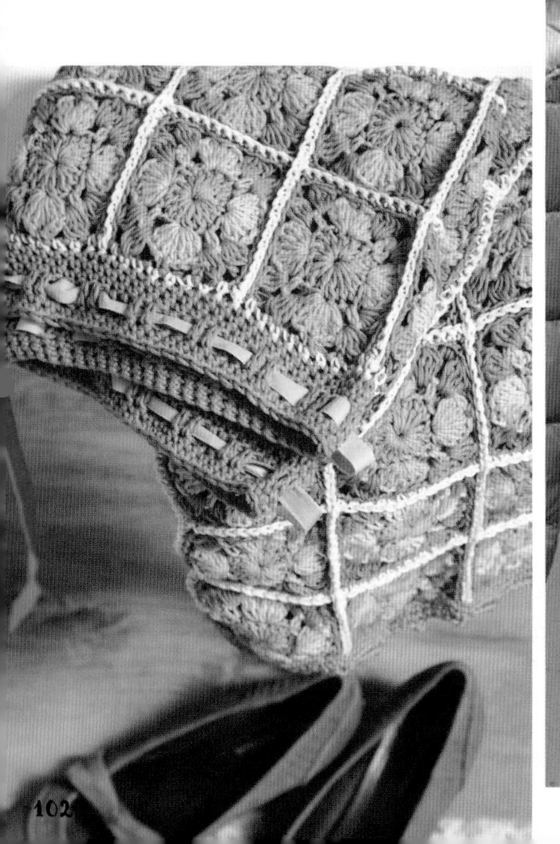

帽子

钩针：3.50mm

线：细线
A线：N43、N03
B线：N26
C线：N49
D线：N43
（线号对应的颜色请参考第5页）

完成尺寸： 周长44 cm，高度30cm

这个作品使用24页上的花片图案3

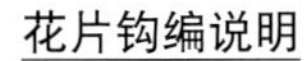

花片钩编说明

根据图案3的钩编说明，使用下面的配色方案钩出24个花片。

花片1：钩12片
A线：N43
B线：N26

花片2：钩12片
A线：N03
B线：N26

排列花片
参照照片和示意图排列花片。
正面朝上，使用所有花片，横向6片、竖向4片排列花片，交替排列花片1和花片2。

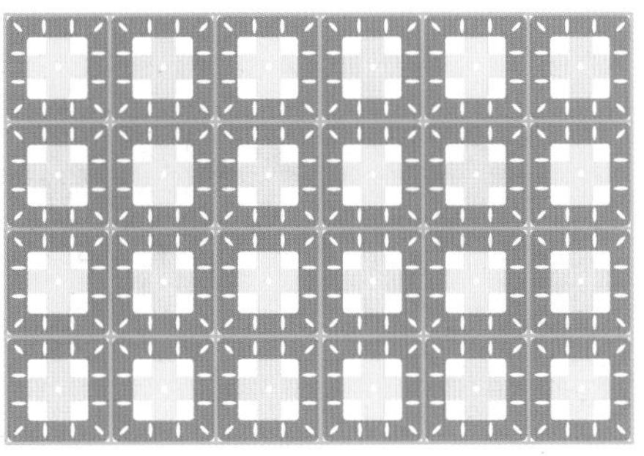

示意图：帽子的花片排列

组合花片
先横向连接组合。
♥拿出两片花片重叠，正面向上（背面相对），两层花片一起钩，针目相对，只钩后半针，使用C线，用引拔针接入转角处1锁针空间，1锁针，在同一空间中钩1短针，★每个针目或锁针中钩1短针直至另一个转角处的锁针空间★★，拿出另两片花片，从转角处2锁针空间开始，从★开始重复，在最后一次重复时至★★结束，完成横向整行的连接。断线，固定，藏线头。
重复 ♥部分 完成其他横向连接。
重复 ♥部分 完成所有纵向连接。

接缝帽子
将帽子钩片折双，正面朝上，使用相同的接缝方法，从一个转角处开始，接缝帽子的长度方向（4个花片），并且收紧帽子顶端。断线，固定，藏线头。

帽子边缘
第1圈：面朝上，钩编帽子边缘，在任意针目或空间的后半针内用引拔针接入C线，1锁针（不算作第一针，后面也是如此），在同一针目中钩1短针，［在下个针目或空间内钩1短针］钩完整圈；用引拔针连接第一个短针。
第2圈、第3圈：1锁针，在每个短针中钩1短针，钩完整圈；用引拔针连接第一个短针。
在第3圈的结尾处，C线断线，固定，藏线头。
第4圈：正面朝上，在任意短针中用引拔针接入D线，1锁针，在同一针目中钩1短针，［在下一短针中钩1短针］钩完整圈；用引拔针连接第一个短针。D线断线，固定，藏线头。
第5圈：正面朝上，在任意短针中用引拔针接入B线，1锁针，在同一针目中钩1短针，［在下一短针中钩1短针］钩完整圈；用引拔针连接第一个短针。B线断线，固定，藏线头。
第6圈：正面朝上，在任意短针中用引拔针接入C线，1锁针，在同一针目中钩1短针，［在下一短针中钩1短针］钩完整圈；用引拔针连接第一个短针。
第7圈：1锁针，在每短针中钩1短针，钩完整圈；用引拔针连接第一个短针。C线断线，固定，藏线头。

地毯

钩针：6.00mm

线：粗线
A线：03
（线号对应的颜色请参考第5页）

完成尺寸：70cm×100cm

这个作品使用26页上的花片图案4

花片钩编说明

根据图案4的钩编说明钩出24个花片。

排列花片
参考照片排列花片。
正面朝上，使用所有花片，横向6片、竖向4片排列花片。

组合花片
先横向连接组合。
♥拿出两片花片重叠，正面向上（反面相对），两层花片一起钩，针目相对，只钩后半针，用引拔针在转角处1锁针空间内接线，1锁针，在同一空间中钩1短针，★每个针目或锁针中钩1短针直至另一个转角处的锁针空间★★，拿出另两片花片，从转角处的锁针空间开始，从★开始重复，在最后一次重复时至★★结束，完成横向整行的连接。断线，固定，藏线头。
重复♥部分完成其他横向连接。
重复♥部分完成所有纵向连接。
在最后一条连接的结尾处，不要断线。

贝壳针花边
第1圈：正面朝上，3锁针（不算作第一针，后面也是如此），在每长针或空间中钩1长针，钩完整圈。
第2圈：1锁针，在接线的同一个针目中钩1短针，跳过下面两长针，在下一长针中钩6长针，跳过下面两长针，★在下一长针中钩1短针，跳过下面两长针，在下一长针中钩6长针，跳过下面两长针；从★开始重复钩完整圈；用引拔针连接第一个短针。断线，固定，藏线头。

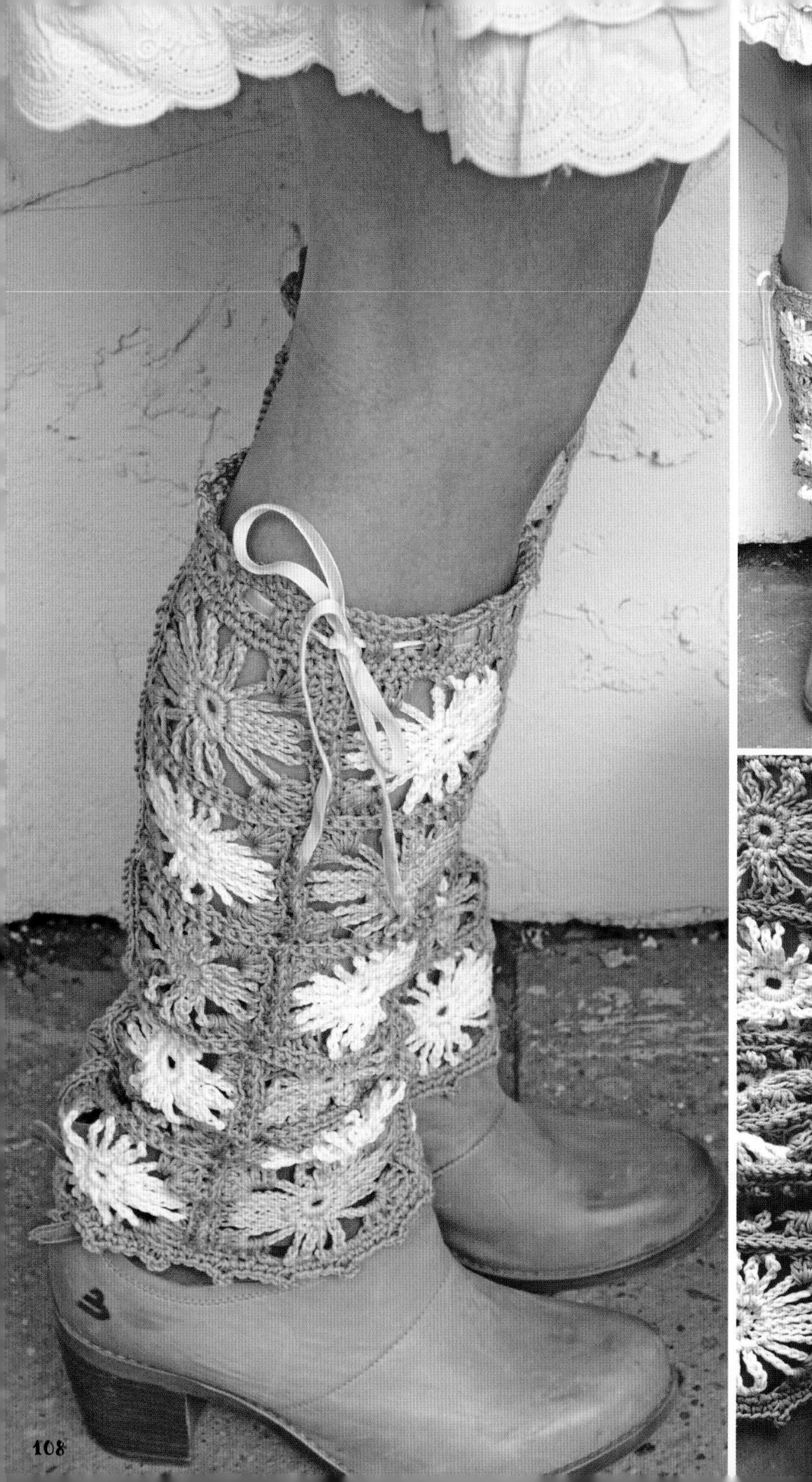
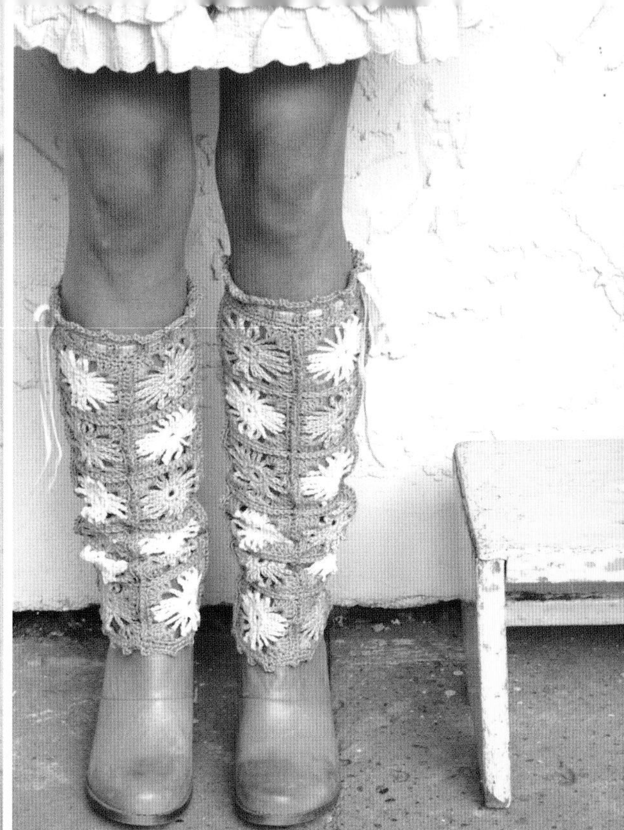

袜套

钩针：3.50mm

线：细线
A线：N06、N80
B线：N38
（线号对应的颜色请参考第5页）

丝带或抽绳用于打结

完成尺寸：筒围32cm，长度45 cm

这个作品使用28页上的花片图案5

花片钩编说明

根据图案5的钩编说明，使用下面的配色方案钩出48个花片。

花片1：钩24片
A线：N06
B线：N38

花片2：钩24片
A线：N80
B线：N38

排列花片
参考照片和示意图排列花片。
正面朝上，使用24片花片，横向4片、竖向6片排列花片（一个袜套），交替排列花片1和花片2。另外24片花片采用相同的排列方式，以保证两个袜套配色相同。

组合花片
先横向连接组合。
♥拿出两片花片重叠，正面向上（反面相对），两层花片一起钩，针目相对，只钩后半针，用引拔针在转角处1锁针空间内接入B线，1锁针，在同一空间中钩1短针，★每个针目或锁针中钩1短针直至另一个转角处的锁针空间★★，拿出另两片花片，从转角处锁针空间开始，从★开始重复，在最后一次重复时至★★结束，完成横向的整行的连接。断线，固定，藏线头。.
重复♥部分完成其他横向连接。
重复♥部分完成所有纵向连接。
第二个袜套的组合花片的方法相同。

示意图：袜套的花片排列（做2份）

接缝袜套
将袜套花片对折，正面朝上，使用相同的连接方法，从一个转角处开始，接缝袜套的长度方向（6个花片），使其形成筒状。结尾处不断线。

顶部花边
第1圈：正面朝上，1锁针（不算作第一针，后面也是如此），在每个针目或空间中钩1短针，钩完整圈；用引拔针连接第一个短针。
第2圈：1锁针，在每短针中钩1短针，钩完整圈；用引拔针连接第一个短针。
第3圈：3锁针（算作1长针），［在下一短针上钩1长针］钩完整圈；用引拔针连接开始3锁针的第3针。
第4圈：重复第2圈。
第5圈：1锁针，在接线的同一针目中钩1短针，在后面两短针中各钩1短针，在下一短针上钩（1短针，3锁针，1短针），★在后面三短针中各钩1短针，在下一短针上钩（1短针，3锁针，1短针）；从★开始重复钩完整圈；用引拔针连接第一个短针。B线断线，固定，藏线头。
在第3圈长针的空间中穿入丝带或抽绳，在袜套外侧打结。

底部花边
第1圈：正面朝上，在底边的任意针目或空间中用引拔针接入B线，1锁针，在同一针目或空间中钩1短针，［在下个针目或空间中钩1短针］钩完整圈；用引拔针连接第一个短针。
第2圈：1锁针，在接线的同一针目中钩1短针，在后面两短针中各钩1短针，在下一短针上钩（1短针，3锁针，1短针），★在后面三短针中各钩1短针，在下一短针上钩（1短针，3锁针，1短针）；从★开始重复钩完整圈；用引拔针连接第一个短针。B线断线，固定，藏线头。
在另一个袜套上重复连接侧面、顶部花边、底部花边的钩编操作。

手包

钩针：3.50mm

线：细线
A线：N35
（线号对应的颜色请参考第5页）

口金
毛线针（选用）
丝带或抽绳作为提手

完成尺寸： 15cm × 22cm

这个作品使用30页上的花片图案6

花片钩编说明

根据图案6的钩编说明，并在第4圈采用边钩边连接的方式，钩出22个花片——手包前面、后面各11片。按照示意图的说明，将花片组合在一起。

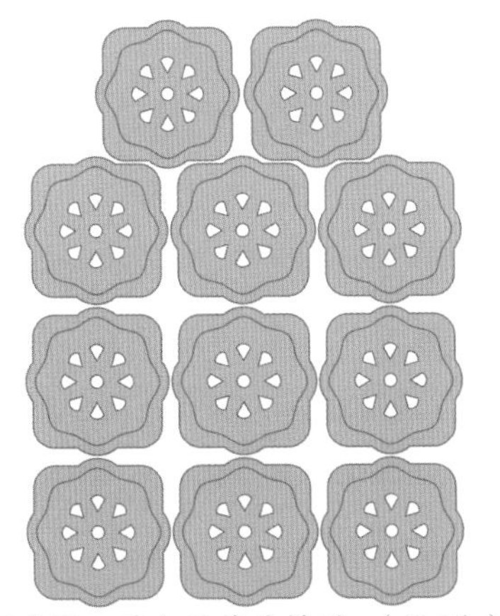
示意图：手包的花片排列 （做2份）

手包前、后片
第1片
第1圈至第4圈：重复花片图案6的第1圈至第4圈。

第2~11片
第1圈至第3圈：重复花片图案6的第1圈至第3圈。

连接两片：
第4圈：（组合圈）在第一个5锁针链上接入引拔针，1锁针（不算作第一针，后面也是如此），在同一锁针链上钩（1短针，1中长针，1长针），在前一个花片上钩编，在相应转角处的1锁针空间内钩引拔针。在这个花片上钩编，在同一锁针链上钩（1长针，1中长针，1短针）。在前一个花片上钩编，在下个1锁针空间内钩引拔针。在这个花片上钩编，在下个3锁针链上钩3短针。在前一个花片上钩编，在下个1锁针空间内钩引拔针。在这个花片上钩编，在下个5锁针链上钩（1短针，1中长针，1长针）。在前一个花片上钩编，在下个转角处1锁针空间内钩引拔针（花片的一侧连接完成）。在同一锁针链上钩（1长针，1中长针，1短针），1锁针，下个3锁针链上钩3短针，1锁针，★在下个5锁针链上钩（1短针，1中长针，1长针，1锁针，1长针，1中长针，1短针），1锁针，在下个3锁针链上钩3短针，1锁针；从★开始重复钩完整圈；用引拔针连接第一个短针。断线，固定，藏线头。

连接三片：
第4圈：（组合圈）在第一个5锁针链上接入引拔针，1锁针，在同一锁针链上钩（1短针，1中长针，1长针），在前一个花片上钩编。在相应转角处的1锁针空间内加入引拔针。在这个花片上钩编，在同一锁针链上钩（1长针，1中长针，1短针）。在前一个花片上钩编，在下个1锁针空间内钩引拔针，在这个花片上钩编，在下个3锁针链上钩3短针。在前一个花片上钩编，在下个1锁针空间内钩引拔针。在这个花片上钩编，在下个3锁针链上钩3短针。在后一个花片上钩编，在下个1锁针空间内钩引拔针。在这个花片上钩编，在下个5锁针链上钩（1短针，1中长针，1长针），在前一个花片上钩编，在下个转角处1锁针空间内钩引拔针（花片的一侧连接完成），在同一锁针链上钩（1长针，1中长针，1短针）。在后一个花片上钩编，在下个1锁针空间内钩引拔针。在这个花片上钩编，在下个3锁针链上钩3短针。在后一个花片上钩编，在下个1锁针空间内钩引拔针。在这个花片上钩编，在下个5锁针链上钩（1短针，1中长针，1长针）。在后一个花片上钩编，在下个转角处1锁针空间内钩引拔针（两侧完成）。在同一锁针链上钩（1长针，1中长针，1短针），1锁针，在下个3锁针链上钩3短针，1锁针，1锁针，在下个3锁针链上钩3短针，1锁针，在下个5锁针链上钩（1短针，1中长针，1长针，1锁针，1长针，1中长针，1短针），1锁针，在下个3锁针链上钩3短针，1锁针；用引拔针连接第一个短针。断线，固定，藏线头。
重复完成另一侧的手包后片。

接缝手包
手包两片叠放，正面朝上（反面相对），两层花片一起钩，连接包体侧边，针目相对，用引拔针在转角处1锁针空间内接线，1锁针，在同一针目内钩1短针，[在下个针目或空间内钩1短针］钩完三条边，在两个转角处1锁针空间中各钩（1短针，1锁针，1短针）。断线，固定，藏线头。
手包加装口金（如果需要可使用毛线针）。加丝带或抽绳作为提手。

披肩

钩针：3.50mm

线：细线
A线：N35
B线：N09
（线号对应的颜色请参考第5页）

完成尺寸：　50cm×110cm

这个作品使用32页上的花片图案7

花片钩编说明

根据图案7的钩编说明，并在第3圈采用下述边钩边连接的方式（说明如下），钩出40个花片，配色方案如下：

花片1：钩29片
A线：N35
B线：N09

花片2：钩11片
A线：N09
B线：N35

披肩的中间一列
第1片
第1圈至第3圈：重复花片图案7的第1圈到第3圈。

第2~6片
第1圈至第2圈：重复花片图案7的第1圈到第2圈。
第3圈：（组合圈）1锁针（不算作第一针），在最后一个和第一个中长针之间的空间（接线处下方的空间）中钩1短针，在下个2锁针空间中钩4个中长针，在前一个花片的第七个花瓣上钩编，在第四个中长针中钩引拔针，在这个花片上钩编，在同一空间内钩4个中长针，在后面两个中长针之间的空间中钩1短针，在下个2锁针空间中钩4个中长针，在前一个花片上的第八个花瓣上钩编，在第四个中长针上钩引拔针，在这个花片上钩编，在同一空间内钩4个中长针（组合完成），★在后面两个中长针之间的空间中钩1短针，在下个2锁针空间中钩8个中长针；从★开始重复钩完整圈；用引拔针连接第一个短针。B线断线，固定，藏线头。

依次完成披肩中间一列的6个花片的连接。

披肩的左半边
第7~23片
参考示意图，重复第2片花片的连接方法，从中间一条向外连接花片，完成披肩的左半边。

披肩的右半边
第24~40片
披肩旋转方向，使用配色示意图，重复第2片花片的连接方法，从中间一条向外连接花片，完成围巾的右半边。

示意图：披肩的花片排列

围脖

钩针：3.50mm

线：细线
A线：N49 、N82、N43 、N49
B线：N82、N83、N52 、N18
C线：N43 、N52、N82 、N83
D线：N18、N82
E线：N83、N43
F线：N49
（线号对应的颜色请参考第5页）

完成尺寸：宽36cm，周长112cm

这个作品使用34页上的花片图案8

爆米花针：在同一指定的针目或空间中钩4长针，将钩针从线圈中抽出，将钩针从前到后插入第一个长针，将之前褪掉的线圈拉出。

花片钩编说明

根据图案8的钩编说明，并在第6圈采用边钩边连接的方式，钩出16个花片，配色方案如下。花片排列1圈为8个花片，宽2个花片。

花片1：钩4片
A线：N49
B线：N82
C线：N43
D线：N18
E线：N83

花片2：钩4片
A线：N82
B线：N83
C线：N52
D线：N18
E线：N43

花片3：钩4片
A线：N43
B线：N52
C线：N82
D线：N18
E线：N43

花片4：钩4片
A线：N49
B线：N18
C线：N83
D线：N82
E线：N43

第1片（花片1）
第1圈至第6圈：重复花片图案8的第1圈至第6圈。

第2~16片
参考照片和示意图确定配色、摆放、连接位置。
注意：尾端花片相连形成一个圈。
第1圈至第5圈：重复花片图案8的第1圈到第5圈。
第6圈：重复花片图案8的第6圈，按下面填充花片的方法进行组合（一个转角至另一个转角）：

填充花片
（按花片图案8的第6圈钩至第一个转角处，然后）1锁针。在前一片上钩编，在相对应转角处的3锁针空间内钩引拔针，1锁针。*在这一片上钩编，在下个5锁针链上钩4长针，2锁针。在前一片上钩编，在下个4锁针链上钩引拔针，1锁针；从*开始再重复1次，在下个5锁针链上钩4长针，1锁针。在前一片上钩编，在相对应转角处的3锁针空间内钩引拔针，1锁针。在这一片上钩编，（继续钩后面的4长针，等等）。

花边
第1圈：正面朝上，在两个花片之间的任意空间内用引拔针接入F线，1锁针（不算作第一针），在同一空间内钩1短针，［在下个针目或空间中钩3短针］钩完整圈；用引拔针连接第一个短针。
第2圈：1锁针，在接线的同一针目中钩1短针，*6锁针，在钩针上的第3锁针中钩1个爆米花针，3锁针，跳过后面两短针**，在下一短针中钩1短针；从*开始重复，在最后一次重复时至**结束；用引拔针连接第一个短针。断线，固定，藏线头。
在围脖的另外一边钩编同样的花边。

示意图：围脖的花片排列

购物袋

钩针：3.50mm

线：细线
A线：N79
B线：N25、N20、N54
C线：N30
D线：N20
（线号对应的颜色请参考第5页）

背带2根各90cm

完成尺寸： 长40cm，宽39cm

这个作品使用36页上的花片图案9

花片钩编说明

根据图案9的钩编说明，并在第5圈采用边钩边连接的方式，钩出26个花片，配色方案如下。花片排列参见本页右下图，为8个花片1圈，3个花片宽，另外2个花片作为袋底。

花片1：钩10片
A线：N79
B线：N25
C线：N30
D线：N20

花片2：钩8片
A线：N79
B线：N20
C线：N30
D线：N20

花片3：钩8片
A片 N79
B片 N54
C片 N30
D片 N20

第1片（花片1）
第1圈至第5圈：重复花片图案9的第1圈至第5圈。

第2~26片
参考照片和示意图确定配色、摆放、连接位置。
注意：连接侧边和底部的花片组合成购物袋形状。
第1圈至第4圈：重复花片图案9的第1圈至第4圈。
第5圈：重复花片9的第5圈，按下面填充花片的方法进行组合（一个转角至另一个转角）。

填充花片
（按花片图案9的第5圈钩至转角处，然后）在下个3锁针空间中钩1个三长针枣形针，1锁针。在前一片花片上钩编，在相对应3锁针空间内钩引拔针，1锁针。在这一片上钩编，在同一空间内钩1个三长针枣形针，［2锁针，在下个2锁针空间内钩1长针］2次，2锁针；在下个3锁针空间中钩1个三长针枣形针，1锁针。在前一片上钩编，在相对应3锁针空间内钩引拔针，1锁针。在这一片上钩编。在同一空间内钩1个三长针枣形针，（继续钩［2锁针，下个空间内钩1长针］，等等）。

收尾
如照片所示，将背带连接至包身。

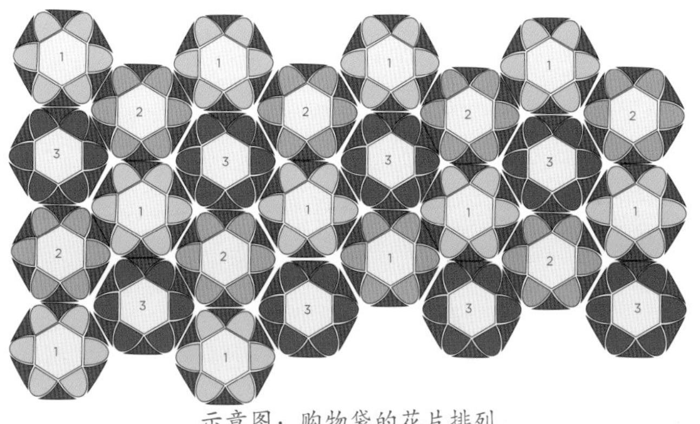

示意图：购物袋的花片排列

围巾

钩针：3.50mm

线：细线
A线：N87、N80
B线：N39、N87
C线：N80
（线号对应的颜色请参考第5页）

完成尺寸： 12cm×190cm

这个作品使用38页上的花片图案10

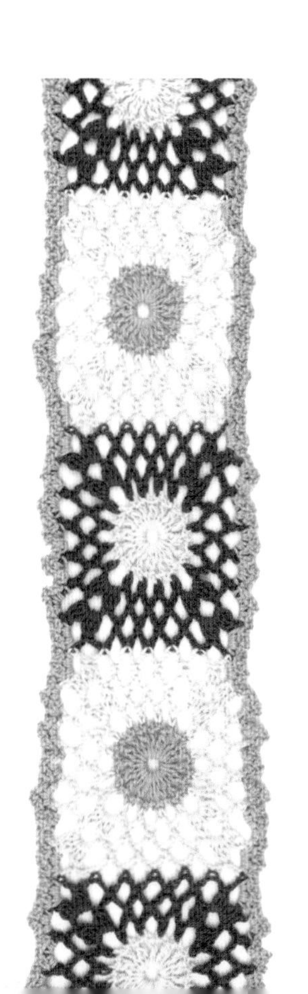

花片钩编说明

根据图案10的钩编说明，并在第4圈采用边钩边连接的方式，钩出13个花片，配色方案如下。围巾的花片排列方式为1个花片宽、13个花片长，不同配色的花片交替排列。

花片1：钩7片
A线：N87
B线：N39

花片2：钩6片
A线：N80
B线：N87

第1片（花片1）
第1圈至第4圈：重复花片图案10的第1圈至第4圈。

第2~13片（花片2和花片1交替摆放）
第1圈至第3圈：重复花片图案10的第1圈至第3圈。
第4圈：（组合圈）在下个5锁针链上钩引拔针，3锁针，［绕线，将钩针插入同一锁针链，拉出线圈，绕线，将钩针拉过钩针上的2个线圈］2次（钩针上有3个线圈），绕线并将钩针一次拉过所有3个线圈（首个三长针枣形针完成），5锁针，在同一锁针链上钩1个三长针枣形针，5锁针，［在下一锁针链的中间一针上钩引拔针，5锁针］4次，在下一锁针链上钩（1个三长针枣形针，5锁针，1个三长针枣形针），5锁针，［在下一锁针链的中间一针上钩引拔针，5锁针］4次，将另一个花片放在这一片花片之后，正面朝上（反面相对），★在这片花片上钩编，在下一锁针链上钩（1个三长针枣形针，2锁针）。在另一个花片上钩编，在相应转角处5锁针链上的中间一针里钩引拔针，2锁针。在这个花片上钩编，在同一锁针链上钩1个三长针枣形针★，2锁针。在另一个花片上钩编，在下个5锁针链的中间一针上钩引拔针，2锁针。［在这个花片上钩编，在下一锁针链上钩引拔针，2锁针。在另一个花片上钩编，在下个5锁针链的中间一针上钩引拔针，2锁针］4次；从★开始到★结束重复1次，5锁针，［在下一锁针链的中间一针上钩引拔针，5锁针］4次；用引拔针连接开始3锁针的第3针。断线，固定，藏线头。

围巾花边
正面朝上，在任意5锁针链上用引拔针接入C线，1锁针（不算作第一针），在同一锁针链上钩（2短针，3锁针，2短针），3锁针，★在下一锁针链上钩（2短针，3锁针，2短针），3锁针；从★开始重复钩完整圈；用引拔针连接第一个短针。断线，固定，藏线头。

示意图：围巾的花片排列

桌巾

钩针：3.50mm

线：细线
A线：N06
B线：N44
（线号对应的颜色请参考第5页）

完成尺寸： 直径37cm

这个作品使用40页上的花片图案11

花片钩编说明

根据图案11的钩编说明，并在第5圈采用边钩边连接的方式，钩出6个花片。

第1片

第1圈至第5圈：重复花片图案11的第1圈至第5圈。

第2~5片

第1圈至第4圈：重复花片图案11的第1圈至第4圈。

第5圈：（单侧组合）

♥［5锁针，在下个5锁针链上钩引拔针］3次，5锁针♥，在下个5锁针链上钩（2长针，5锁针，2长针），从♥至♥重复1次，在后面两个引拔针之间的空间中钩引拔针；从♥至♥重复1次，在下个5锁针链上钩（2长针，2锁针）。在前一片花片上钩编，在转角处的5锁针链上钩引拔针，2锁针。在这个花片上钩编，在同一锁针链钩2长针，★［2锁针。在前一片花片上钩编，在下一锁针链上钩引拔针，2锁针。在这个花片上钩编，在下一锁针链上钩引拔针］3次，2锁针。在前一片花片上钩编，在下一锁针链上钩引拔针，2锁针。在这个花片上钩编★，在后面两个引拔针之间的空间中钩引拔针；从★至★重复1次，在下个5锁针链上钩（2长针，2锁针）。在前一片花片上钩编，在转角处的5锁针链上钩引拔针，2锁针。在这个花片上钩编，在同一锁针链上钩2长针；从♥至♥重复1次，在后面两个引拔针之间的空间中钩引拔针。B线断线，固定，藏线头。

注意：从第3片花片开始，在三角形的尖角处开始接入前面一个花片同位置的中间锁针链处，形成一个圆。

第6片

第1圈至第4圈：重复花片图案11的第1圈至第4圈。

第5圈：（两侧组合）

♥［5锁针，在下个5锁针链上钩引拔针］3次，5锁针♥，♠在下个5锁针链上钩（2长针，2锁针）。在前一片花片上钩编，在转角处的5锁针链上钩引拔针，2锁针。在这个花片上钩编，在同一锁针链上钩2长针，★［2锁针。在前一片花片上钩编，在下一锁针链上钩引拔针，2锁针。在这个花片上钩编，在下一锁针链上钩引拔针］3次，2锁针。在前一片花片上钩编，在下一锁针链上钩引拔针，2锁针。在这个花片上钩编★，在后面两个引拔针之间的空间中钩引拔针；从★至★重复1次♠；从♠至♠重复1次，在下个5锁针链上钩（2长针，2锁针）。在前一片花片上钩编，在转角处的5锁针链上钩引拔针，2锁针。在这个花片上钩编，在同一锁针链钩2长针；从♥至♥重复1次，在后面两个引拔针之间的空间中钩引拔针。B线断线，固定，藏线头。

花边

第1圈：正面朝上，用引拔针将B线接入任意5锁针链的第3针中，1锁针（不算作第一针），在同一个针目中钩1短针，★5锁针，在下个5锁针链的中间一针中钩1短针；从★开始重复钩完整圈至最后一锁针链，5锁针，在最后一锁针链的中间一针中钩1短针，2锁针；用1长针连接第一个短针（完成最后一个5锁针链并将毛线定位在下一圈的起始位置）。

第2圈至第4圈：1锁针，在接线处下面的锁针链上钩1短针，★5锁针，在下个5锁针链的中间一针中钩1短针；从★开始重复钩完整圈至最后一锁针链，5锁针，在最后一锁针链的中间一针中钩1短针，2锁针；用1长针连接第一个短针（完成最后一个5锁针链并将毛线定位在下一圈的起始位置）。

第5圈：1锁针，在接线处下面的锁针链上钩3短针，★在下个5锁针链上钩（3短针，3锁针，3短针）；从★开始重复钩完整圈，在第一个锁针链上钩3短针，3锁针；用引拔针连接第一个短针。断线，固定，藏线头。

粉彩抱枕

钩针：3.50mm

线：细线
A线：N43
B线：N82、N31
C线：N25
D线：N76
E线：N30
F线：N79
G线：N47
（线号对应的颜色请参考第5页）

抱枕后片布料
抱枕芯

完成尺寸： 40cm × 40cm

这个作品使用42页上的花片图案12

花片钩编说明
根据图案12的钩编说明，使用下列配色方案，钩出36个花片。

花片1：钩18片
A线：N43
B线：N82
C线：N25
D线：N76

花片2：钩18片
A线：N43
B线：N31
C线：N25
D线：N76

排列花片
参考照片和示意图排列花片。
正面朝上，将所有36个花片排成6×6的正方形，交替排列花片1和花片2。

组合花片
先横向连接组合。
♥拿出两片花片重叠，正面向上（反面相对），两层花片一起钩，针目相对，只钩后半针，使用E线，用引拔针接入转角处1锁针空间，1锁针，在同一空间中钩1短针，*每个针目或锁针中钩1短针直至另一个转角处的锁针空间，**拿出另两片花片，从转角处2锁针空间开始，从*开始重复，在最后一次重复时至**结束，完成横向整行的连接。断线，固定，藏线头。
重复 ♥ 部分 完成其他横向连接。
重复 ♥ 部分 完成两条纵向连接。

示意图：抱枕前片花片排列

花边
第1圈：正面朝上，在任意转角处的1锁针空间内用引拔针接入F线，1锁针（不算作第一针，），在同一转角钩（1短针，1锁针，1短针），［在下个针目或空间中钩1短针］钩完整圈，在每一个转角处钩（1短针，1锁针，1短针）；用引拔针连接第一个短针。F线断线，固定，藏线头。
第2圈：正面朝上，在任意转角处的1锁针空间内用引拔针接入G线，1锁针，*在接下来的三个针目（或空间）中各钩1短针，在下个针目或空间中钩（1短针，3锁针，1短针）；从*开始重复钩完整圈；用引拔针连接第一个短针。G线断线，固定，藏线头。

收尾
缝合抱枕前片花片和后片的布料，做好枕套，套入抱枕芯。完成。

阳光抱枕

钩针：5.00mm

线：粗线
A线：07 、81、82
B线：03
C线：73
（线号对应的颜色请参考第5页）

抱枕芯

完成尺寸：42cm×42cm

这个作品使用44页上的花片图案13

花片钩编说明

抱枕前片
根据图案13的钩编说明，使用下列配色方案，钩出16个花片。

花片1：钩4片
A线：N07
B线：N03

花片2：钩4片
A线：N81
B线：N03

花片3：钩8片
A线：N82
B线：N03

排列花片
参考照片和示意图排列花片。
正面朝上，将所有16片花片按4×4排列，每列花片颜色相同。

组合花片
先横向连接组合。
♥拿出两片花片重叠，正面向上（反面相对），两层花片一起钩，针目相对，只钩后半针，使用C线，用引拔针接入转角处1锁针空间，1锁针，在同一空间中钩1短针，*每个针目或锁针中钩1短针直至另一个转角处的锁针空间，**拿出另两片花片，从转角处开始，从*开始重复，在最后一次重复时至**结束，完成横向整行的连接。断线，固定，藏线头。
重复♥部分 完成其他横向连接。
重复♥部分 完成两条纵向连接。
在最后一条连接的收尾处，不要断线。

边缘
第1圈：正面朝上，1锁针，只在后半针中钩编，在每个针目或空间中钩1短针钩完整圈；用引拔针连接第一个短针。

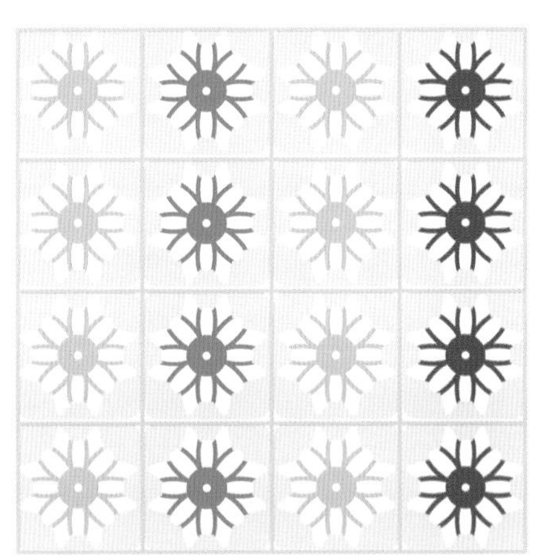
示意图：抱枕前片花片排列

抱枕后片
基础行：使用B线，起41锁针。
第1行：（正面）在钩针上的第2针上开始钩1短针，[在下一锁针中钩1短针]钩完一行。
第2行至第41行：1锁针，翻面，在每个短针中钩1短针，钩完一行。
在第41行的收尾处，不要断线。

花边
第1圈：1锁针，抱枕的前片和后片反面相对，前片正面朝上，两层花片一起钩，针目相对，在各个边的每一个针目中钩1短针，在转角处的空间中钩（1短针，1锁针，1短针）。塞入抱枕芯并钩完最后一条边；用引拔针连接第一个短针。断线，固定，藏线头。

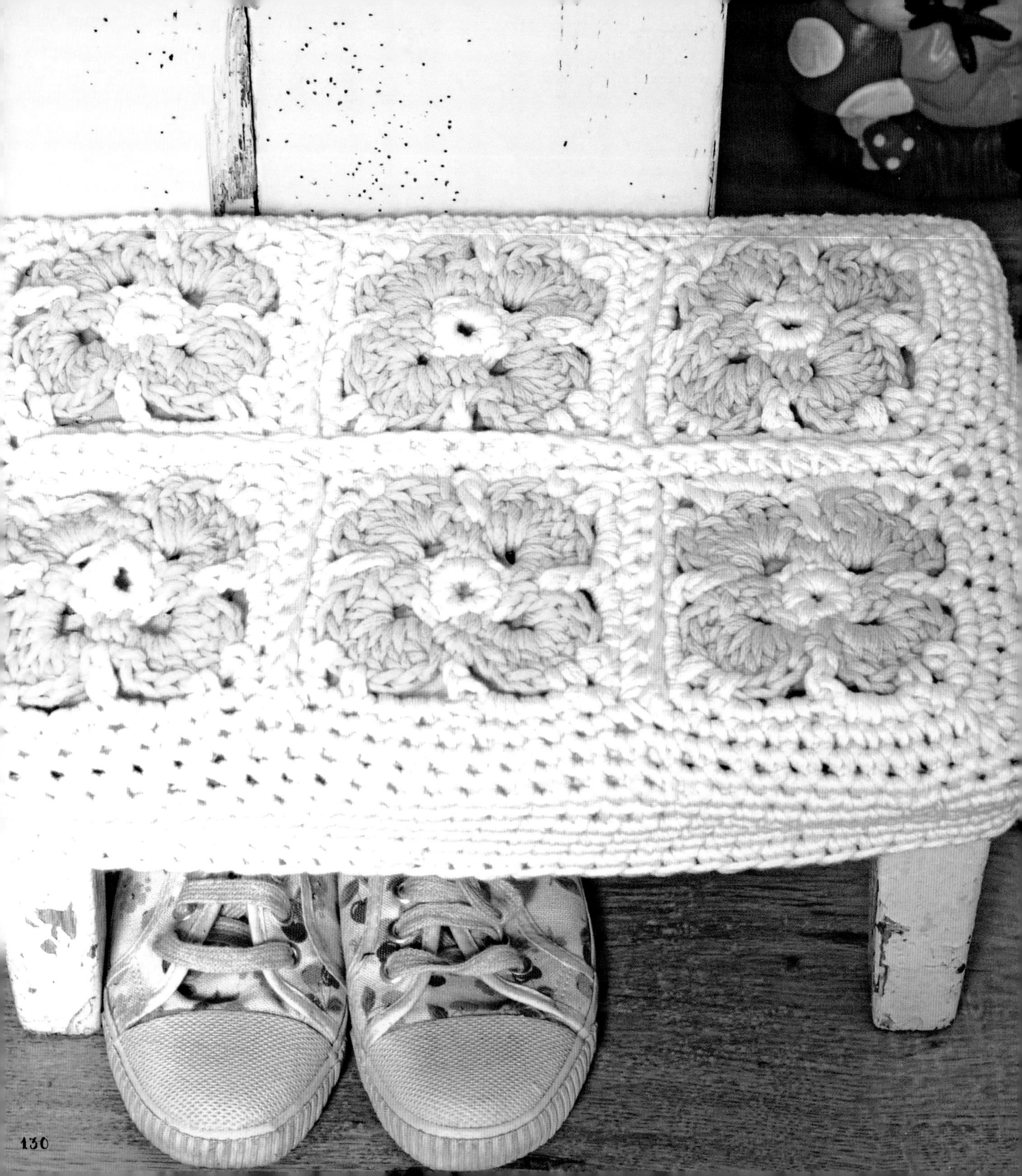

板凳套

钩针：5.00mm

线：粗线

A线：03
B线：73
（线号对应的颜色请参考第5页）

完成尺寸：顶面22cm×30cm，加6cm侧边

这个作品使用52页上的花片图案20

花片钩编说明

根据图案20的钩编说明，钩出6个花片。

板凳套顶面组合
参考照片排列花片。
正面朝上，排列6片花片——横向3行、纵向2列。

组合花片
先横向连接组合。
♥拿出两片花片重叠，正面向上（反面相对），两层花片一起钩，针目相对，只钩后半针，使用A线，用引拔针接入转角处1锁针空间，1锁针，在同一空间中钩1短针，⋆每个针目中钩1短针直至另一个转角处的锁针空间，⋆⋆拿出另两片花片，从转角处开始，从⋆开始重复，在最后一次重复时至⋆⋆结束，完成横向整行的连接。断线，固定，藏线头。
重复♥部分 完成其他横向连接。
重复♥部分 完成两条纵向连接。
在最后一条连接的收尾处，不要断线。

侧边
第1圈：正面朝上，1锁针，在同一个针目中钩1短针，［在下个针目中钩1短针］钩完整圈，在每个转角处的针目中钩（1短针，1锁针，1短针）；用引拔针连接第一个短针。
第2圈至第4圈：1锁针，在每短针上钩1短针钩完整圈，在每个转角处的针目中钩（1短针，1锁针，1短针）；用引拔针连接第一个短针。

第5圈至第10圈：1锁针，在每个针目中钩1短针，钩完整圈；用引拔针连接第一个短针。
在第10圈的结尾处，断线，固定，藏线头。

盖毯

钩针： 3.50mm

线： 细线
A线：N06
B线：N53、N32
C线：N13
D线：N02
E线：N25
F线：N31
G线：N83
（线号对应的颜色请参考第5页）

完成尺寸： 80cm×80cm

这个作品使用66页上的花片图案33

花片钩编说明

根据图案33第1圈至第3圈的钩编说明（在第3圈收尾处断线），使用下面的配色方案钩出36个花片。

花片1：钩18片
A线：N06
B线：N53
C线：N13

花片2：钩18片
A线：N06
B线：N32
C线：N13

正面朝上，排列所有花片（参考示意图）——横向6排、纵向6列，花片颜色交替排列。钩第4圈并在第5圈采用边钩边连接的方法。

所有花片

第4圈： 正面朝上，用引拔针将D线接入任意6锁针链，1锁针，在同一锁针链上钩4短针，3锁针，在下个6锁针链上钩（1个三长针枣形针，5锁针，1个三长针枣形针），3锁针，★在下一锁针链上钩4短针，3锁针，在下一锁针链上钩（1个三长针枣形针，5锁针，1个三长针枣形针），3锁针；从★开始重复钩完整圈；用引拔针连接第一个短针。（8个枣形针，16短针，8个3锁针空间，4个5锁针）不要断线。

第1片

第5圈： 3锁针，在后面3短针中各钩1长针，1锁针，在下个3锁针空间中钩2长针，1锁针，在下个转角处的5锁针链上钩（3长针，3锁针，3长针），1锁针，在下个3锁针空间中钩2长针，1锁针，★在后面4短针中各钩1长针，1锁针，在下个3锁针空间中钩2长针，1锁针，在下个转角处的5锁针链上钩（3长针，3锁针，3长针），1锁针，在下个3锁针空间中钩2长针，1锁针；从★开始重复钩完整圈；用引拔针连接开始3锁针的第3针。断线，固定，藏线头。

第2~36片

重复花片图案33的第5圈，按下面填充花片的方法钩编（从一个转角至另一个转角）。

填充花片

（按花片图案33的第5圈钩至第一个转角处，然后）在下个转角处的5锁针链上钩3长针，1锁针，在前一片上钩编，在相应5锁针链的第3针上钩引拔针，1锁针，在这

示意图：盖毯的花片排列

一片上钩编，在同一锁针链上钩3长针，★在前一片上钩编，在下个1锁针空间中钩引拔针，在这一片上钩编，在下个3锁针空间中钩2长针，在前一片上钩编，在下个1锁针空间中钩引拔针，在这一片上钩编★，在后面4短针中各钩1长针；从★至★重复1次，在下个转角处的5锁针链上钩3长针，1锁针，在前一片上钩编，在相应5锁针链的第3针上钩引拔针，1锁针，在这一片上钩编，在同一锁针链上钩3长针，（继续钩后面的1锁针，在下个空间内钩2长针，等等）。

花边

第1圈：正面朝上，在任意转角处的3锁针空间内用引拔针接入D线，6锁针（算作1长针和3锁针），在同一空间内钩3长针，2锁针，［在下个2锁针空间内钩2长针，2锁针］钩至下个转角处，★在下个转角处的3锁针空间内钩（3长针，3锁针，3长针），2锁针，在每个2锁针空间内钩［2长针，2锁针］钩至下个转角处；从★开始重复钩完整圈，在第一个空间内收尾钩2长针；用引拔针连接开始6锁针的第3针。

第2圈：在下个转角处3锁针空间内钩引拔针，3锁针，在同一空间内钩（2长针，3锁针，3长针），2锁针，在每个2锁针空间内钩［2长针，2锁针］钩至下个转角处，★在下个转角处的3锁针空间内钩（3长针，3锁针，3长针），2锁针，在每个2锁针空间内钩［2长针，2锁针］钩至下个转角处；从★开始重复钩完整圈；用引拔针连接开始3锁针的第3针。D线断线，固定，藏线头。

第3圈：正面朝上，在任意转角处的3锁针空间内用引拔针接入E线，1锁针，在同一空间内钩（3短针，3锁针，3短针），2锁针，［在下个2锁针空间内钩2短针，2锁针］钩至下个转角处，★在下个转角处空间内钩（3短针，3锁针，3短针），2锁针，［在下个2锁针空间内钩2短针，2锁针］钩至下个转角处；从★开始重复钩完整圈；用引拔针连接第一个短针。E线断线，固定，藏线头。

第4圈：正面朝上，在任意转角处的3锁针空间内用引拔针接入F线，1锁针，在同一空间内钩（3短针，3锁针，3短针），2锁针，［在下个2锁针空间内钩2短针，2锁针］钩至下个转角处，在下个转角处空间内钩（3短针，3锁针，3短针），2锁针，［在下个2锁针空间内钩2短针，2锁针］钩至下个转角处；从★开始重复钩完整圈；用引拔针连接第一个短针。F线断线，固定，藏线头。

第5圈：正面朝上，在任意转角处的3锁针空间内用引拔针接入G线，1锁针，在同一空间内钩（1短针，3锁针，1短针），★在下个空间内钩（1短针，3锁针，1短针）；从★开始重复钩完整圈；用引拔针连接第一个短针。G线断线，固定，藏线头。

针法说明和图解

活结

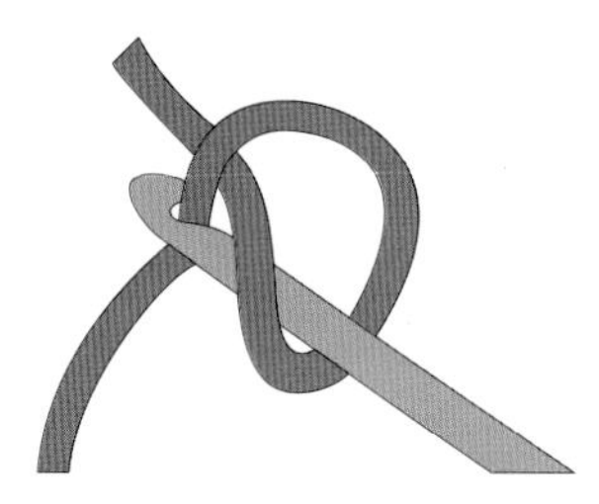

1 把线绕1个线圈，其中线尾一端压在下方。钩针穿过线圈，钩起线团一端的线。

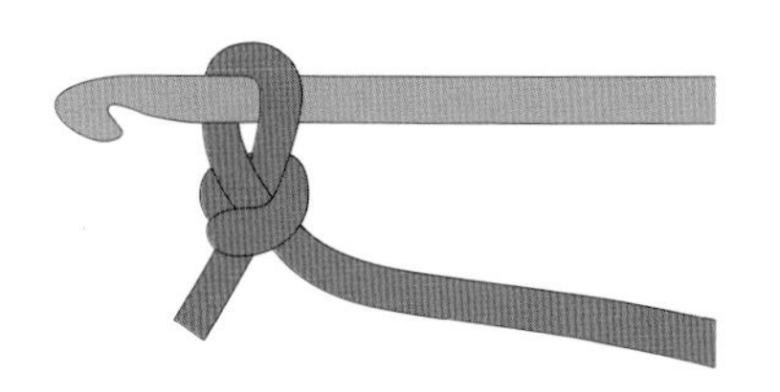

2 将线钩过线圈，轻拉线尾一端，在钩针上完成一个活结。

锁针 ○

几乎所有的钩编作品都是以锁针起针的，同时锁针也广泛运用在作品中。织锁针的要领是保持均匀合适的张力，不能太紧，也不要太松。

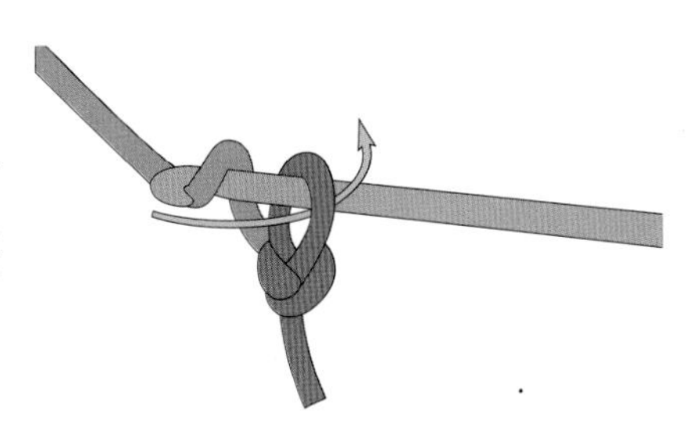

1 在钩针上起一个活结。在钩针上绕线，将线拉过钩针上的线圈，完成锁针。

短针 +

这是钩编针法中最短的一种，同时也是最简单、最常用的针法。

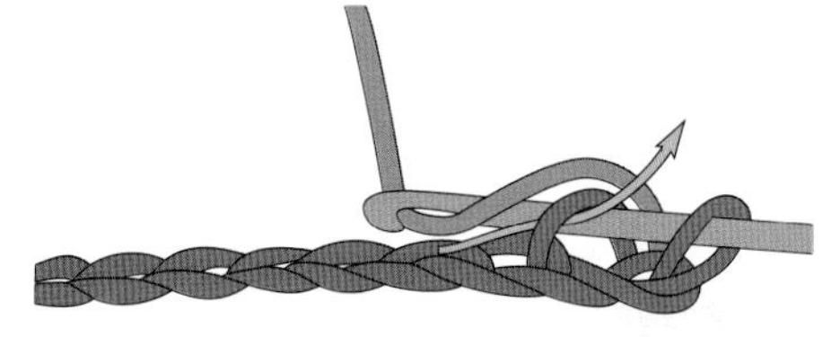

1 将钩针插入指定的针目或空间中。在钩针上绕线，将钩针从该针目或空间中拉出。现在钩针上有2个线圈。

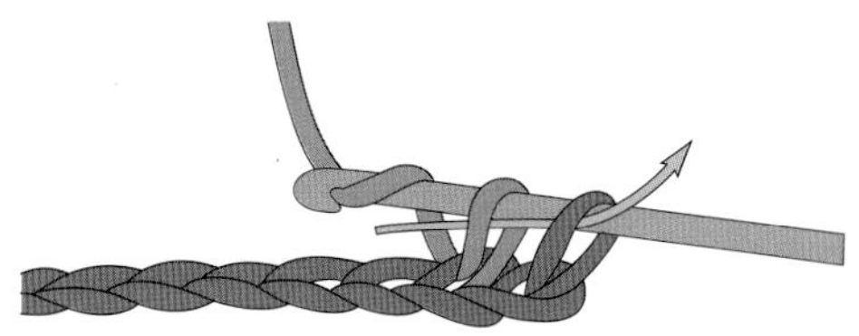

2 在钩针上绕线，将钩针同时拉过2个线圈，完成短针。

长针

这是另一种应用非常广泛的针法。这是一个比较“高”的针法，可以织出更柔软、更稀疏的织物。

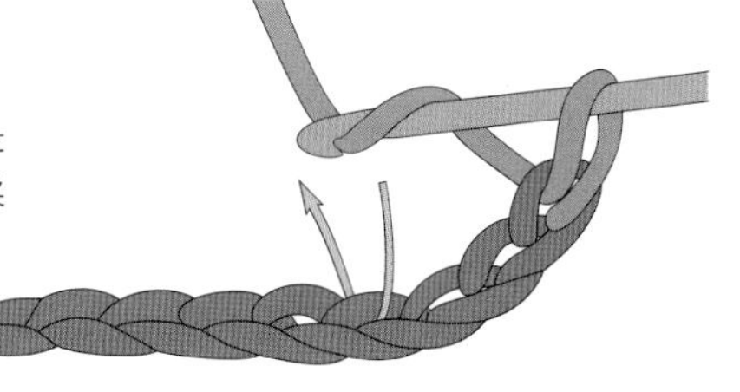

1 先在钩针上绕线1圈，然后将钩针插入指定的针目或空间中。在钩针上再次绕线并拉出线圈。现在钩针上有3个线圈。

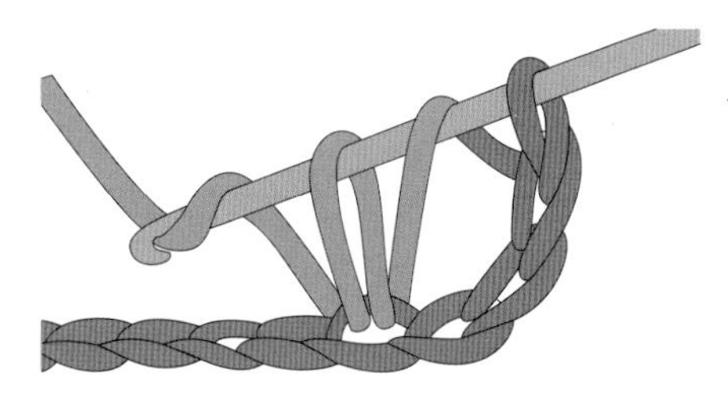

2 在钩针上绕线，并将钩针拉过前2个线圈。现在钩针上有2个线圈。

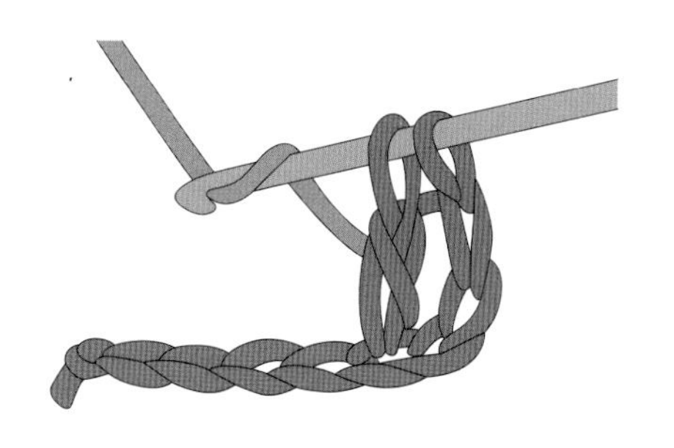

3 在钩针上再次绕线，将钩针同时拉过这2个线圈，完成长针。

中长针

这种针法的高度介于短针和长针之间。

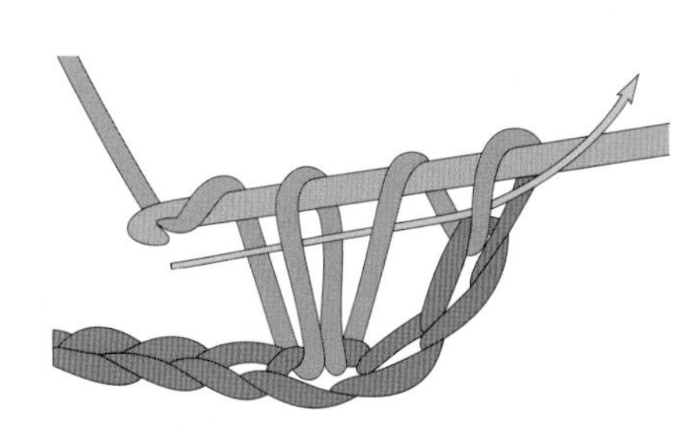

1 先在钩针上绕线1圈，然后将钩针插入指定的针目或空间。再次在钩针上绕线并拉出线圈。现在钩针上有3个线圈。在钩针上绕线，将钩针同时拉过3个线圈，完成中长针。

长长针

这个针法比长针更高一些，通常用在装饰针法中，或者在图案的角落增加高度。这也叫两卷长针。

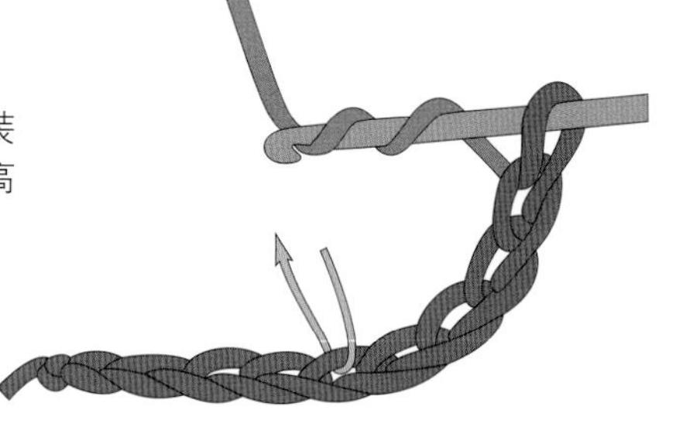

1 在钩针上绕线2次，将钩针插入指定的针目或空间。

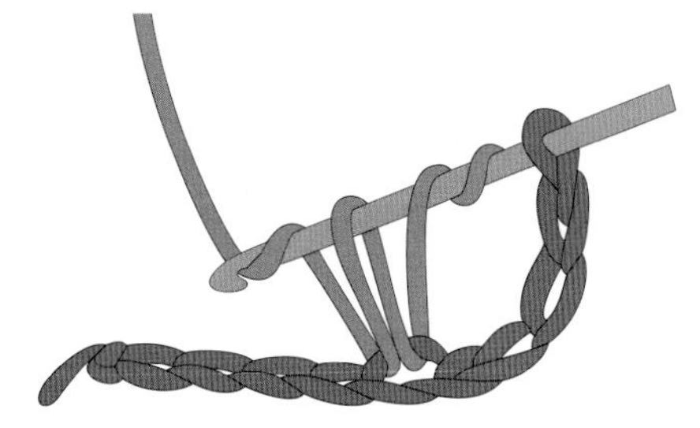

2 在钩针上绕线并拉出线圈。现在钩针上有4个线圈。

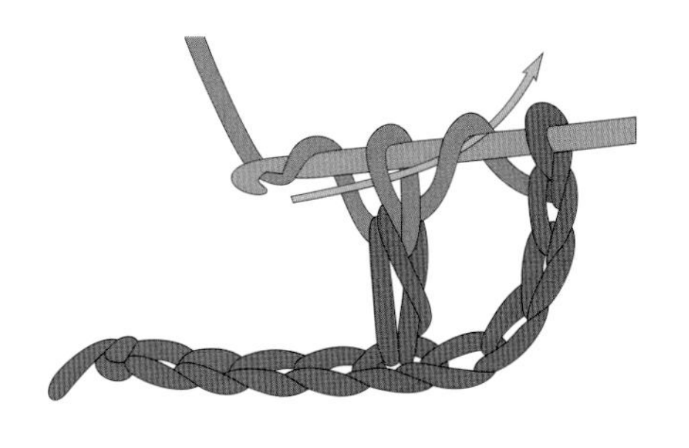

3 在钩针上绕线，将钩针拉过前2个线圈。现在钩针上有3个线圈。在钩针上绕线，将钩针拉过2个线圈。现在钩针上有2个线圈。

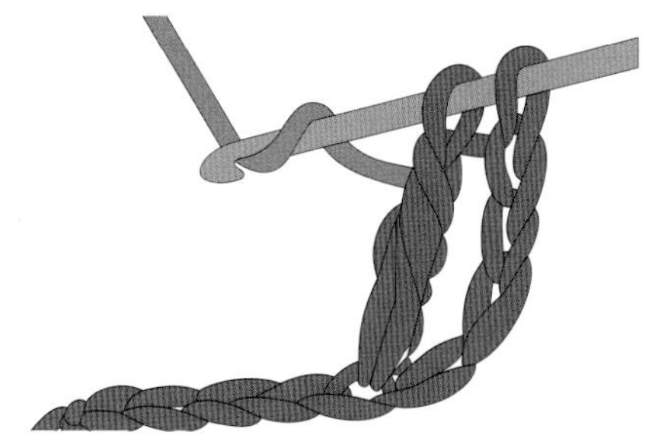

4 绕线并将钩针拉过最后的2个线圈，完成长长针。

三卷长针
四卷长针

这两种针法和长长针的针法相似。针法的高度根据开始时在钩针上绕线圈数的不同而不同。

三卷长针开始时在钩针上绕线3次。四卷长针开始时在钩针上绕线4次。

针法完成方式是在钩针上绕线并每次将钩针拉过2个线圈，直到结束。

引拔针 ·

这个针法不增加钩编作品的高度，通常在转移至另一区块进行钩编或者接线时使用。

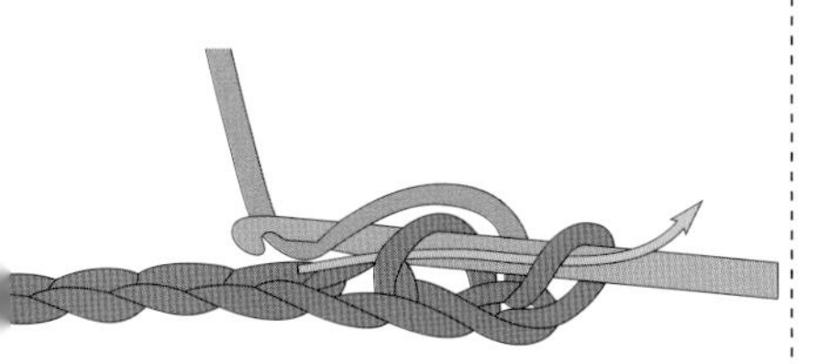

开始，将钩针插入指定的针目或空间。钩针绕线，将钩针一次拉过该针目或空间以及钩针上的所有线圈。

贝壳针

这个针法常用在作品的荷叶边装饰上，通常用长针或长长针完成。

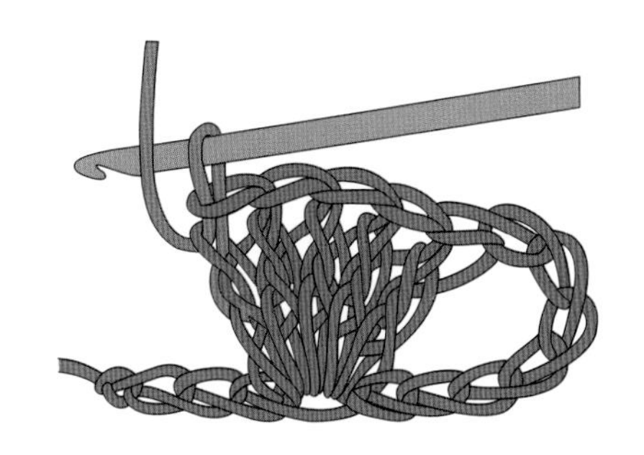

贝壳针是由一组针连接至同一点组成的。

完成一个贝壳针，要在同一针目或在同一空间里钩出指定数目的针。

玉米针

玉米针是反向的贝壳针，一组针在顶部连接为一针。形成一个向下张开的贝壳。

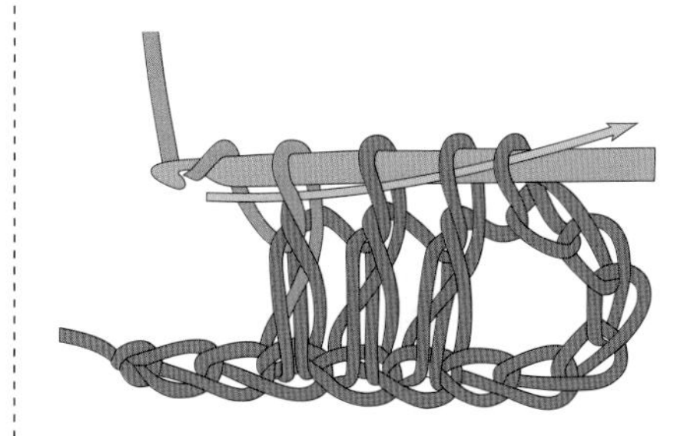

完成一个长针玉米针，先按常规钩一长针，在最后一步将线拉过最后2个线圈之前停住。将这些线圈留在钩针上，在下个针目中再钩一长针，并在最后一步停住。按要求的针数重复这一钩法。

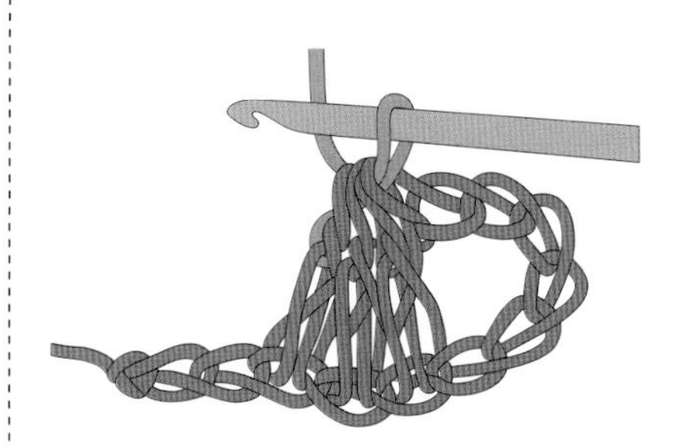

全部针数完成后，在钩针上绕线，将钩针一次拉过所有线圈，完成一个玉米针。

枣形针

枣形针是一种纹理针法，使你的钩编作品表面产生一个突起。这个针法和贝壳针类似，只是所有针都接入同一空间内。

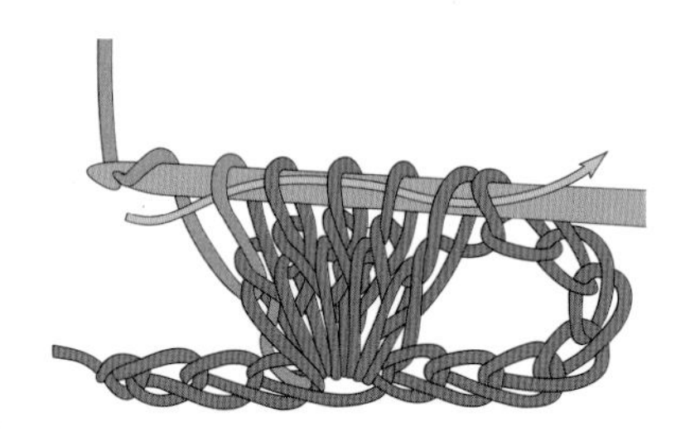

按常规针法钩长针，在最后一步将钩针拉过2个线圈之前停住。将这些线圈留在钩针上继续钩下一长针，钩针插入同一针目中钩长针并在最后一步之前停住。继续钩长针直到完成需要的针数。

通常枣形针上端由一锁针收针。然而某些图样中会要求不做这一步。是否需要这一步一定要以图样要求为准。

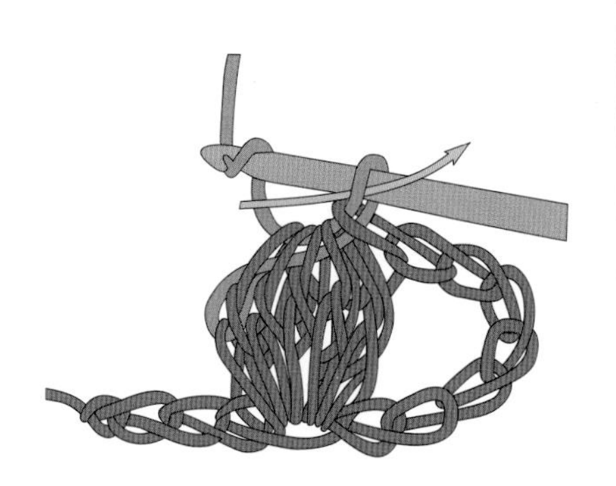

泡泡针

泡泡针和枣形针类似，但由中长针组成，比枣形针更加平滑饱满。

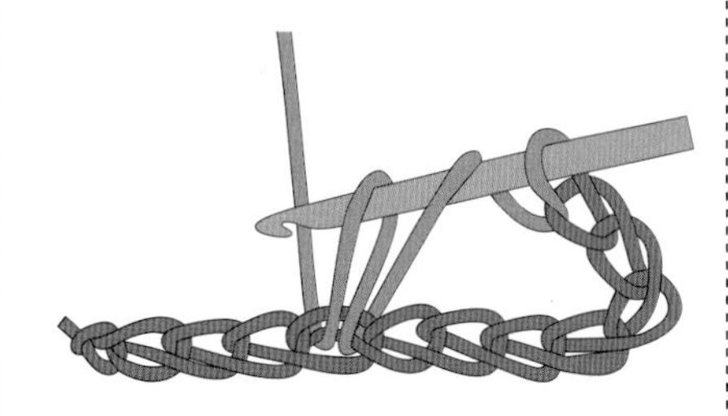

开始做一个未完成的中长针（不完成最后一步，即不将线钩过最后3个线圈），每当开始一针新的中长针时，线圈拉的比平时略长。

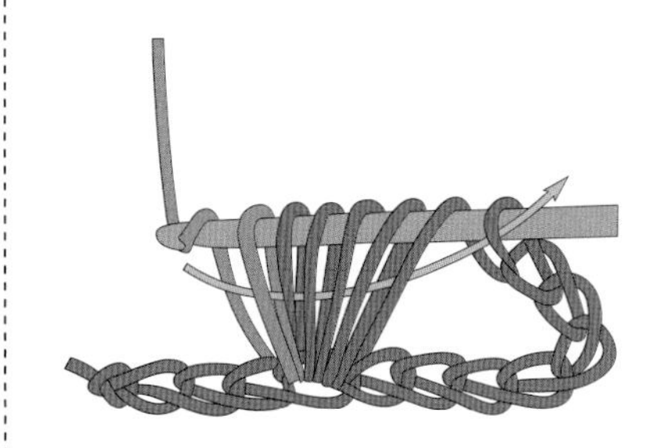

需要的针数完成后，绕线并将钩针拉过钩针上的所有线圈。

通常泡泡针上端由锁针收针。然而如果图样不同，这一步的要求也有所不同，以图样为准。

爆米花针

这种针法与贝壳针相似，但在顶部收在一起，形成一种表面纹理。

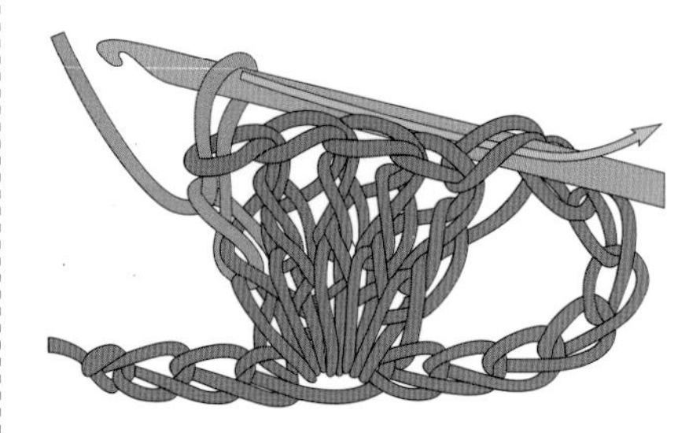

在同一空间内完成需要的针数。当最后一针完成时，抽出钩针，将钩针插入这一组针的第一针的顶部，然后再插入之前褪掉的线圈中。

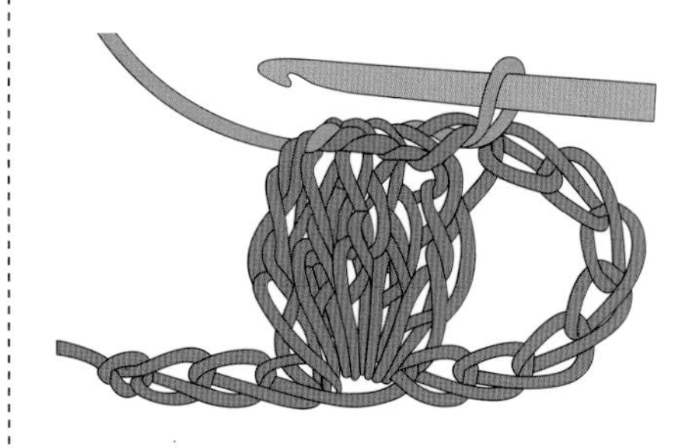

钩针绕线，将钩针同时拉过2个线圈，完成一个爆米花针。

完成的爆米花针是半连接在钩编成品的表面的。